高等职业教育土建类专业综合

U0623416

建筑工程材料
实训手册

主编 贾亚军 刘 峰 **副主编** 柴海华 侯 斌 石福彬 达红旗

重庆大学出版社

内容提要

本书主要介绍了砂石材料试验、石灰和水泥试验、水泥混凝土和砂浆试验、沥青材料试验、沥青混合料试验、钢材试验等检测试验内容。试验内容符合现行国家规范及行业标准,从适应工程建设需要出发,选取相关试验项目,介绍试验目的与适用范围、试验设备与试验准备、试验步骤、试验数据整理等内容。

本书作为建筑工程材料课程的实训教材,可用作高等职业院校建筑工程技术专业、市政工程技术专业、工程造价等专业学生的教学用书,也可供中等职业教育土建类专业师生及从事工程施工、工程监理和试验检测工作的技术人员参考。

图书在版编目(CIP)数据

建筑工程材料实训手册 / 贾亚军,刘峰主编. -- 重

庆 : 重庆大学出版社,2022.3

高等职业教育土建类专业综合实训系列教材

ISBN 978-7-5689-3137-3

Ⅰ. ①建… Ⅱ. ①贾… ②刘… Ⅲ. ①建筑材料—高

等职业教育—教学参考资料 Ⅳ. ①TU5

中国版本图书馆 CIP 数据核字(2022)第 023099 号

高等职业教育建设工程管理类专业系列教材

建筑工程材料实训手册

主　编:贾亚军　刘　峰
副主编:柴海华　侯　斌　石福彬　达红旗
责任编辑:肖乾泉　　版式设计:夏　雪
责任校对:谢　芳　责任印制:赵　晟

*

重庆大学出版社出版发行

出版人:饶帮华

社址:重庆市沙坪坝区大学城西路 21 号

邮编:401331

电话:(023)88617190　88617185(中小学)

传真:(023)88617186　88617166

网址:http://www.cqup.com.cn

邮箱:fxk@cqup.com.cn(营销中心)

全国新华书店经销

重庆俊蒲印务有限公司印刷

*

开本:787mm×1092mm　1/16　印张:8.5　字数:208 千

2022 年 3 月第 1 版　　2022 年 3 月第 1 次印刷

ISBN 978-7-5689-3137-3　定价:39.00 元

前言
FOREWORD

《建筑工程材料实训手册》为高等职业教育建筑工程材料课程的实训教材,内容依据现行国家新规范及行业新标准编写而成。

本书结合高等职业教育特点,围绕高职教育专业培养目标,突出学生实践技能培养,力求反映建筑工程材料试验的新理论和新技术。本书共 6 章内容,包括砂石材料试验、石灰和水泥试验、水泥混凝土和砂浆试验、沥青材料试验、沥青混合料试验、建筑钢材试验,编写时都使用了最新颁布的国家及行业技术标准和技术规范。

由于学时有限,各高职院校可根据自身具体情况选用相应的试验内容以方便使用。

本书由甘肃林业职业技术学院贾亚军、刘峰、柴海华、石福彬、侯斌 5 位教师编写。本书在编写过程中,得到了甘肃源蔚工程检测公司工程师达红旗的大力帮助和指导,在此致以诚挚的谢意。

由于编者水平有限,书中疏漏之处在所难免,敬请使用者批评指正。

编 者

2021 年 9 月

目录
CONTENTS

第 1 章

砂石材料试验

1.1 石料毛体积密度及孔隙率试验（蜡封法）

1.1.1 试验目的和适用范围

（1）试验目的：测定石料在干燥状态下包括孔隙在内的单位体积固体材料的质量，评定石料质量及其技术性能。

（2）适用范围：适用于遇水崩解、溶解和干缩湿胀性松软石料的毛体积密度测定。

1.1.2 试验设备

试件加工设备、物理天平（感量 0.01 g）、烘箱、石蜡（密度一般为 0.93 g/cm³，可测定）、软毛刷、细线、大烧杯等。

1.1.3 试验步骤

（1）试件制备：将石料试样锤打成边长为 40 ~ 60 mm 的立方体试件，并把尖锐棱角用砂轮打磨光滑；或采用直径为 48 ~ 52 mm 圆柱体试件。测定天然密度的试件，应在岩样拆封后，在设法保持天然湿度的条件下，迅速制样、称量和密封，同一含水状态，试样数量每组不得少于 3 个。

（2）测天然密度时，应取有代表性的岩石制备试件并称量；测干密度时，将试件放入烘箱，在（105±5）℃下烘至恒重，烘干时间一般为 12 ~ 24 h，取出后置于干燥器内冷却至室温。

（3）从干燥器中取出试件，放在天平上称其质量 m_0（精确至 0.01 g）。

（4）将石蜡加热熔化，在石蜡温度为 55 ~ 58 ℃（石蜡熔点）时，用软毛刷在石料试件表面涂上一层厚度不大于 1 mm 的石蜡层，冷却后准确称出涂有石蜡试件空气中的质量 m_1。

（5）将涂有石蜡的试件系于天平上，称出其在水中的质量 m_2。

（6）擦干试件表面的水分，在空气中重新称取蜡封试件的质量，检查此时蜡封试件的质量是否大于浸水前的质量 m_1，如超过 0.05 g，说明试件蜡封不好，水已浸入试件，应取件重新测定。

1.1.4　试验数据整理

（1）计算石料毛体积密度，精确至 $0.01\ \text{g/cm}^3$：

$$\rho = \frac{m_0}{V} \tag{1.1}$$

$$V = \frac{m_1 - m_2}{\rho_\text{w}} - \frac{m_1 - m_2}{\rho_\text{p}} \tag{1.2}$$

式中：ρ——石料毛体积密度，g/cm^3；

　　m_0——烘至恒重时的试件质量，g；

　　m_1——涂石蜡后的试件在空气中的质量，g；

　　m_2——涂石蜡后的试件在水中的质量，g；

　　ρ_p——石蜡的密度，g/cm^3；

　　ρ_w——水的密度，g/cm^3。

（2）组织均匀的岩石，其密度应为 3 个试件试验结果的平均值；组织不均匀的岩石密度应记录最大值与最小值，试验结果精确至 $0.01\ \text{g/cm}^3$。

（3）计算石料空隙率，试验结果精确至 0.1%：

$$n = \left(1 - \frac{\rho}{\rho_\text{t}}\right) \times 100\% \tag{1.3}$$

式中：ρ_t——石料密度，g/cm^3。

1.1.5　注意事项

（1）蜡封时严格控制石蜡温度和试件蜡封厚度。

（2）封蜡试件在水中称量后须擦干试件再称其在空气中的质量，检查其质量是否大于浸水前的质量 m_1，如超过 0.05 g，说明试件封蜡不好，水已浸入试件，应取件重新测定。

（3）称封蜡试件水中质量时，切忌试件接触烧杯（网篮）内壁，同时要检查烧杯外壁不要与天平吊盘架立柱接触。

1.1.6　试验记录

班级　　　组别　　　姓名　　　学号　　　　　　　　　　　　年　　月　　日

试验题目	1.1　石料毛体积密度及孔隙率试验（蜡封法）						成　绩	
试验目的								
主要仪器								
试验编号	烘干试件在空气中的质量 m_0/g	涂蜡试件在空气中的质量 m_1/g	涂蜡试件在水中的质量 m_2/g	石料体积 V/cm^3	毛体积密度 $\rho/(\text{g}\cdot\text{cm}^{-3})$		备　注	
					单值	平均值		
1								
2								
3								

续表

试验编号	烘干试件在空气中的质量 m_0/g	涂蜡试件在空气中的质量 m_1/g	涂蜡试件在水中的质量 m_2/g	石料体积 V/cm^3	毛体积密度 $\rho/(\mathrm{g \cdot cm^{-3}})$ 单值	平均值	备　注
4							
5							
6							

试验总结：

7　思考题

(1) 的毛体积计算公式 $V = \dfrac{m_1 - m_2}{\rho_\mathrm{w}} - \dfrac{m_1 - m_2}{\rho_\mathrm{p}}$。

(2)蜡封时为什么要严格控制石蜡温度和试件蜡封厚度？

1.2 岩石单轴抗压强度试验

岩石单轴抗压
强度试验

1.2.1 试验目的和适用范围

（1）试验目的：单轴抗压强度试验是测定规则形状岩石试件单轴抗压强度的方法，主要用于岩石的强度分级和岩石的描述。

（2）适用范围：本法采用饱和状态下的岩石立方体（或圆柱体）试件的抗压强度来评定岩石强度（包括碎石或卵石的原始岩石强度）。

注：在某些情况下，试件含水状态还可根据需要选择天然状态、烘干状态或冻融循环后状态，试件的含水状态要在试验记录中注明。

1.2.2 试验设备

（1）压力试验机或万能试验机。

（2）钻石机、切石机、磨石机等岩石试件加工设备。

（3）烘箱、干燥器、游标卡尺、角尺及水池等。

1.2.3 试件制备

（1）建筑地基的岩石试验，采用圆柱体作为标准试件，直径为（50±2）mm、高径比为 2∶1；桥梁工程用的石料试验，采用立方体试件，边长为（70±2）mm；路面工程用的石料试验，采用圆柱体或立方体试件，其直径或边长或高均为（50±2）mm。每组试件共 6 件。

（2）有显著层理的岩石，分别沿平行和垂直层理方向各取 6 件试件，试件上、下端面应平行或磨平，试件端面的平面度公差应小于 0.5 mm，端面对于试件轴线垂直度偏差不应超过 0.25 mm。对于非标准圆柱体试件，试验后抗压强度试验值按式（1.4）进行换算：

$$R_e = \frac{8R}{7+2D/H} \tag{1.4}$$

式中：R_e——岩石的标准抗压强度，MPa；

　　　R——非标准圆柱体试件的抗压强度值，MPa；

　　　D——非标准圆柱体试件的直径，mm；

　　　H——非标准圆柱体试件的高度，mm。

1.2.4 试验步骤

（1）用游标卡尺量取试件尺寸（精确至 0.1 mm）。对立方体试件，在顶面和底面上各量取其边长，以各个面上相互平行的两个边长的算术平均值计算其承压面积。对于圆柱体试件，在顶面和底面分别测量两个相互正交的直径，并以其各自的算术平均值分别计算顶面和底面的面积,取其顶面和底面面积的算术平均值作为计算抗压强度所用的横截面积。

(2)试件的含水状态可根据需要选用烘干状态、天然状态、饱和状态、冻融循环后状态。试件烘干和饱和状态、冻融循环后状态应符合《公路工程岩石试验规程》(JTG E41—2005)相关条款的规定。

(3)按岩石强度性质,选定合适的压力机。将试件置于压力机的承压板中央,对正上下承压板,注意不得偏心。

(4)以0.5~1.0 MPa/s的速率进行加载直至破坏,记录破坏荷载及加载过程中出现的现象。抗压试件试验的最大荷载记录以N为单位,精度为0.01。

1.2.5 试验数据整理

岩石的抗压强度和软化系数分别按式(1.5)、式(1.6)计算:

$$R = \frac{P}{A} \tag{1.5}$$

式中:R——岩石的抗压强度,MPa;

P——试件破坏时的荷载,N;

A——试件的横截面积,mm^2。

$$K_p = \frac{R_w}{R_d} \tag{1.6}$$

式中:K_p——软化系数;

R_w——岩石饱和状态下的单轴抗压强度,MPa;

R_d——岩石烘干状态下的单轴抗压强度,MPa。

单轴抗压强度试验结果应同时列出每个试件的试验值及同组岩石单轴抗强的平均值;有显著层理的岩石,分别报告垂直与平行层理方向的试件强度的平均值,精确至0.01 MPa。

软化系数计算值精确至0.01,3个试件平行测定,取算术平均值。3个值中最大值和最小值之差不应超过平均值的20%,否则应另取第4个试件,并在4个试件中取接近的3个值的平均值作为试验结果,同时在报告中将4个值全部给出。

1.2.6 试验记录

班级　　　组别　　　姓名　　　学号　　　　　　　　　　年　　月　　日

试验题目		1.2 岩石单轴抗压强度试验					成 绩		
试验目的									
主要仪器									
试验编号	试件有无缺角	试件尺寸/mm				试件横截面积 A/mm²		破坏荷载 P/kN	抗压强度 R/MPa (R=10³×P/A)		备注
		立方体			圆柱体		立方体	圆柱体		单 值	平均值	
		长	宽	高	直径	高	长×高	πd²/4				
1												
2												
3												

续表

试验编号	试件有无缺角	试件尺寸/mm					试件横截面积 A/mm^2		破坏荷载 P/kN	抗压强度 R/MPa ($R=10^3\times P/A$)		备注
		立方体			圆柱体		立方体	圆柱体		单 值	平均值	
		长	宽	高	直径	高	长×高	$\pi d^2/4$				
4												
5												
6												

试验总结：

1.2.7　思考题

(1)简述抗压强度的定义。

(2)路面工程单轴抗压强度试件的尺寸要求和数量是多少?

(3)单轴抗压强度加荷速率是多少?

(4)岩石如有显著层理的,试验记录如何处理? 强度计算值精确至多少?

1.3　粗集料磨耗试验（洛杉矶法）

粗集料磨耗试验(洛杉矶法)

1.3.1　试验目的与适用范围

（1）试验目的：测定标准条件下粗集料抵抗摩擦、撞击的能力，以磨耗损失（％）表示。

（2）适用范围：本方法适用于各种等级规格石料的磨耗试验。

1.3.2　试验设备

（1）洛杉矶磨耗试验机：圆筒内径（710±5）mm，内侧长（510±5）mm，两端封闭，投料口的钢盖通过紧固螺栓和橡胶垫与钢筒紧密封闭。

（2）钢球：直径约 46.8 mm，质量为 390～445 g，大小稍有不同，以便按要求组合成符合要求的总质量。

（3）台称：感量 5 g。

（4）标准筛：符合要求的标准筛系列，以及筛孔为 1.7 mm 的方孔筛。

（5）烘箱：温度控制在（105±5）℃。

（6）容器：搪瓷盘等。

1.3.3　试验步骤

（1）将不同规格的集料用水冲洗干净，置烘箱中烘干至恒重。

（2）对所使用的集料，按表 1.1 选择最接近的粒级类别，确定相应的试验条件，按规定的粒级组成备料、筛分。其中水泥混凝土用集料宜采用 A 级粒度；对于沥青路面及各种基层、底基层的粗集料，表中的 16 mm 筛孔也可用 13.2 mm 筛孔代替。对非规格材料，应根据材料的实际粒度，从表 1.1 中选择最接近的粒级类别及试验条件。

（3）分级称量（精确至 5 g），称取总质量 m_1，装入磨耗机的圆筒中。

（4）选择钢球，使钢球的数量及总质量符合表 1.1 的规定。将钢球加入钢筒中，盖好筒盖，紧固密封。

（5）将计数器调整到零位，设定要求的回转次数。对水泥混凝土集料，回转次数为 500 r；对沥青混合料集料，回转次数应符合表 1.1 的要求。开动磨耗机，以 30～33 r/min 的转速转动至要求的回转次数为止。

（6）取出钢球，将经过磨耗后的试样从投料口倒入接收器（搪瓷盘）中。

（7）将试样用 1.7 mm 的方孔筛过筛，筛去试样中被撞击磨碎的细屑。

（8）用水冲净留在筛上的碎石，置于（105±5）℃烘箱中烘干至恒重（通常不少于 4 h），准确称量 m_2。

表 1.1　粗集料洛杉矶试验条件

粒度类别	粒级组成（方孔筛）/g	试样质量/g	试样总质量/g	钢球数量/个	钢球总质量/g	转动次数/r	适用的粗集料	
							规格	公称粒径/mm
A	26.0 ~ 37.5 19.0 ~ 26.5 16.0 ~ 19.0 9.5 ~ 16.0	1 250±25 1 250±25 1 250±10 1 250±10	5 000±10	12	5 000±25	500		
B	19.0 ~ 26.5 16.0 ~ 19.0	2 500±10 2 500±10	5 000±10	11	4 850±25	500	S6 S7 S8	10 ~ 30 10 ~ 30 15 ~ 20
C	4.75 ~ 9.5 9.5 ~ 16.0	2 500±10 2 500±10	5 000±10	8	3 330±20	500	S9 S10 S11 S12	10 ~ 12 10 ~ 15 5 ~ 15 5 ~ 10
D	2.3 ~ 4.75	5 000±10	5 000±10	6	2 500±15	500	S13 S14	3 ~ 10 3 ~ 5
E	63 ~ 75 53 ~ 63 37.5 ~ 53	2 500±50 2 500±50 5 000±50	10 000±100	12	5 000±25	1 000	S1 S2	40 ~ 75 40 ~ 60
F	37.5 ~ 53 26.5 ~ 37.5	5 000±50 5 000±25	10 000±75	12	5 000±25	1 000	S3 S4	30 ~ 60 25 ~ 50
G	26.5 ~ 37.5 19 ~ 26.5	5 000±25 5 000±25	10 000±50	12	5 000±25	1 000	S5	20 ~ 40

注:a. 表中 16 mm 筛孔也可用 13.2 mm 筛孔代替;

　　b. A 级适用于未筛碎石混合;

　　c. C 级中 S12 可全部采用 4.75 ~ 95 mm 颗粒 5 000 g,S9 及 S10 可全部采用 9.5 ~ 16 mm 颗粒 5 000 g;

　　d. E 级中 S2 中缺 63 ~ 75 mm 颗粒可用 53 ~ 63 mm 颗粒代替。

1.3.4　试验数据整理

按式(1.7)计算粗集料洛杉矶磨耗损失,精确至 0.1% :

$$Q = \frac{m_1 - m_2}{m_1} \times 100\% \qquad (1.7)$$

式中:Q——洛杉矶磨耗损失,% :

　　m_1——装入圆筒中的试样质量,g;

　　m_2——试验后在 1.7 mm 方孔筛或 2 mm 圆孔筛上洗净烘干的试样质量,g。

1.3.5 注意事项

（1）试验记录应记录所使用的粒级类别和试验条件。

（2）粗集料的磨耗损失取两次平行试验结果的算术平均值为测定值，两次试验的差值不应大于2%，否则须重做试验。

1.3.6 试验记录

班级　　　组别　　　姓名　　　学号　　　　　　　　　　年　　月　　日

试验题目	1.3 粗集料磨耗试验（洛杉矶法）		成 绩	
试验目的				
主要仪器				
试验编号	试验前试样质量 m_1/g	试验后过筛筛余烘干质量 m_2/g	磨耗率 $Q=[(m_1-m_2)/m_1]\times100\%$	
			单值	平均值
1				
2				

试验总结：

1.3.7 思考题

（1）简述石料的磨耗值的定义。磨耗试验有哪3种试验方法？

（2）洛杉矶法C级所对应的集料规格、数量是多少？所使用的钢球数量和质量是多少？

（3）试验后过筛所用方孔筛的规格是多少？

1.4　粗集料压碎值试验

1.4.1　试验目的与适用范围

集料压碎值用于衡量石料在逐渐增加的荷载下抵抗压碎的能力,是衡量石料力学性质的指标,以评定其在工程中的适用性。

1.4.2　试验设备

(1)石料压碎值试验仪:由内径 150 mm,两端开口的钢制圆形试筒、压柱和底板组成。试筒内壁、压柱的底面及底板的上表面等与石料接触的表面都应进行热处理,使表面硬化,达到维氏硬度 65 ℃,并保持光滑状态。

(2)金属棒:直径 10 mm,长 450～600 mm,一端加工成半球形。

(3)天平:称量 2～3 kg,感量不大于 1 g。

(4)标准筛:筛孔尺寸 13.2 mm、9.5 mm、2.36 mm 筛各一个。

(5)压力机:500 kN,应能在 10 min 内达到 400 kN。

(6)金属筒:圆柱形,内径 112 mm,高 179.4 mm,容积 1 767 cm^3。

1.4.3　试验准备

(1)采用风干石料,用 13.2 mm 和 9.5 mm 标准筛过筛,取 9.5～13.2 mm 的试样 3 组各 3 000 g 供试验用。如过于潮湿需加热烘干时,烘箱温度不得超过 100 ℃,烘干时间不超过 4 h。试验前,石料应冷却至室温。

(2)每次试验的石料数量应满足按下述方法夯击后,石料在试筒内的深度为 100 mm。在金属筒中确定石料数量的方法如下:

将试样分 3 次(每次数量大体相同)均匀装入试模中,每次均将试样表面整平,用金属棒的半球面端从石料表面上均匀捣实 25 次,最后用金属棒作为直刮刀将表面仔细整平。称取量筒中试样质量 m_0,以相同质量的试样进行压碎值的平行试验。

1.4.4　试验步骤

(1)将试筒安放在底板上。

(2)将要求质量的试样分 3 次(每次数量大体相同)均匀放入试模中,每次均将试样表面整平,用金属棒的半球面端从石料表面上均匀捣实 25 次。最后用金属棒作为直刮刀将表面仔细整平。

(3)将装有试样的试模放到压力机上,同时将压头放入试筒内石料表面上,注意使压头摆平,勿楔挤试模侧壁。

（4）开动压力机，均匀地施加荷载，在 10 min 左右的时间内使总荷载达到 400 kN，稳压 5 s，然后卸荷。

（5）将试模从压力机上取下，取出试样。

（6）用 2.36 mm 标准筛筛分经压碎的全部试样，可分几次筛分，均需筛到在 1 min 内无明显的筛出物为止。

（7）称取通过 2.36 mm 筛孔的全部细料质量 m_1，精确至 1 g。

1.4.5　试验数据整理

石料压碎值按式（1.8）计算，精确至 0.1%：

$$Q'_a = \frac{m_1}{m_0} \times 100\% \tag{1.8}$$

式中：Q'_a——石料压碎值，%；

　　　m_0——试验前试样质量，g；

　　　m_1——试验后通过 2.36 mm 筛孔的细料质量，g。

以 3 个试样平行试验结果的算术平均值作为压碎值的测定值。

1.4.6　试验记录

班级　　　　组别　　　　姓名　　　　学号　　　　　　　　　　　　　　年　月　日

试验题目	1.4　粗集料压碎值试验		成　绩	
试验目的				
主要仪器				
试验编号	试验前试样质量 m_0/g	试验后通过 2.36 mm 筛孔的细料质量 m_1/g	压碎值 $Q'_a = (m_1/m_0) \times 100\%$	
			单值	平均值
1				
2				
3				

试验总结：

1.4.7　思考题

（1）简述石料的压碎值定义。

（2）水泥混凝土和沥青混合料粗细集料区分筛孔分别是什么？

（3）集料最大粒径和集料的公称最大粒径的定义是什么？

1.5 粗集料密度试验（网篮法）

1.5.1 试验目的与适用范围

本方法适用于测定碎石、砾石等各种粗集料的表观相对密度、表干相对密度、毛体积相对密度、表观密度、表干密度、毛体积密度以及粗集料吸水率，为水泥混凝土配合比或沥青混合料配合比设计提供数据。

1.5.2 试验设备

（1）天平或浸水天平：测定集料的水中质量，称量应满足试样数量称量要求，感量不大于最大称量的0.05%。

（2）吊篮。

（3）溢流水槽。

（4）烘箱：温度控制在（105±5）℃。

（5）温度计。

（6）标准筛。

（7）盛水容器。

（8）其他：刷子、毛巾等。

1.5.3 试验步骤

（1）准备工作

①将试样用标准筛过筛除去其中的细集料，对较粗的粗集料可用4.75 mm方孔筛过筛，对2.36～4.75 mm的集料或者混在4.75 mm以下石屑中的粗集料，则用2.36 mm标准筛过筛。用四分法缩分至要求的质量，分两份备用。对沥青路面用粗集料，应对不同规定的集料分别测定，不得混杂，所取的每一份集料试样应基本保持原有的级配，在测定2.36～4.75 mm的粗集料时，试验过程中应特别小心，不得丢失集料。

经缩分后供测定密度的粗集料质量应符合表1.2的规定。

表 1.2 测定密度所需要的试样最小质量

公称最大粒径/mm	4.75	9.5	16	19	26.5	31.5	37.5	63	75
每一份试样的最小质量/kg	0.8	1	1	1	1.5	1.5	2	3	3

②将每份试样浸泡在水中，并适当搅动，仔细洗去黏附在集料表面的尘土和石粉，经多次漂洗干净至水完全清澈为止。清洗过程中不得丢失集料颗粒。

（2）取一份试样装入干净的搪瓷盘中，注入洁净的水，水面至少应高出试样 2 cm，轻轻搅动石料，使附在石料上的气泡逸出，在室温下保持浸水 24 h。

（3）将吊篮挂在天平的吊钩上，放入溢流水槽，向溢流水槽内注水，待水面与水槽的溢流孔持平时为止，将天平调零。吊篮的筛网应保证集料不会通过筛孔流失，对 2.36 ~ 4.75 mm 的粗集料应更换小孔筛网。

（4）调节水温（水温控制在 15 ~ 25 ℃），将试样移入吊篮中，溢流水槽中的水面高度由水槽的溢流孔控制，维持不变。称取集料在水中的质量 m_w。

（5）提起吊篮，稍稍滴水后，将试样倒入浅搪瓷盘中，用拧干的湿毛巾轻轻擦干颗粒的表面水至表面看不到发亮的水迹，即为饱和表干状态。当粗集料尺寸较大时，可逐颗擦干。整个过程中不得有集料丢失。

（6）在保持表干状态下，称取集料的表干质量 m_f。

（7）将集料置于浅盘中，放入（105±5）℃的烘箱中烘干至恒重。取出集料，放在带盖的容器中冷却至室温，称取集料的烘干质量 m_a。

1.5.4　试验数据整理

（1）表观相对密度 γ_a，表干相对密度 γ_s、毛体积相对密度 γ_b，表观密度 ρ_a、表干密度 ρ_s、毛体积密度 ρ_p 按下列公式计算，保留小数点后 3 位：

$$\gamma_a = \frac{m_a}{m_a - m_w} \tag{1.9}$$

$$\rho_a = \gamma_a \cdot \rho_T = (\gamma_a - a_T) \times \rho_w \tag{1.10}$$

$$\gamma_s = \frac{m_f}{m_f - m_w} \tag{1.11}$$

$$\rho_s = \gamma_s \cdot \rho_T = (\gamma_s - a_T) \times \rho_w \tag{1.12}$$

$$\gamma_b = \frac{m_a}{m_f - m_w} \tag{1.13}$$

$$\rho_b = \gamma_b \cdot \rho_T = (\gamma_b - a_T) \times \rho_w \tag{1.14}$$

式中：γ_a——集料的表观相对密度；

　ρ_a——粗集料的表观密度，g/cm³；

　γ_s——集料的表干相对密度；

　ρ_s——粗集料的表干密度，g/cm³；

　γ_b——集料的毛体积相对密度；

　ρ_b——粗集料的毛体积密度，g/cm³；

　m_a——集料的烘干质量，g；

　m_f——集料的表干质量，g；

　m_w——集料的水中质量，g；

　ρ_w——水在 4 ℃时的密度为 1.000 g/cm³；

　ρ_T——试验温度为 T 时水的密度，按表 1.3 所示数据选用，g/cm³；

　a_T——试验温度为 T 时的水温修正系数，按表 1.3 所示数据选用。

表 1.3 不同水温时水的密度 ρ_T 及水温的修正系数 a_T

水温/℃	15	16	17	18	19	20
水的密度 $\rho_T/(\text{g}\cdot\text{cm}^{-3})$	0.999 13	0.998 97	0.998 80	0.998 62	0.998 43	0.998 62
水温的修正系数 a_T	0.002	0.003	0.003	0.004	0.004	0.005
水温/℃	21	22	23	24	25	
水的密度 $\rho_T/(\text{g}\cdot\text{cm}^{-3})$	0.998 02	0.997 79	0.997 56	0.997 33	0.997 02	
水温的修正系数 a_T	0.005	0.006	0.006	0.007	0.007	

(2)集料的吸水率以烘干试样为基准,按式(1.15)计算,精确至0.01% :

$$\omega_x = \frac{m_\mathrm{f} - m_\mathrm{a}}{m_\mathrm{a}} \times 100\% \tag{1.15}$$

式中: ω_x——粗集料的吸水率,% 。

1.5.5 注意事项

(1)对沥青路面用粗集料,应对不同规格的集料分别测定,不得混杂,所取的每一份集料试样应基本保持原有的级配。

(2)清洗过程与用毛巾擦拭过程中不得散失集料颗粒。

(3)对同一规格的集料率应平行试验两次,取平均值作为试验结果。两次结果之差相对密度不得超过0.02,吸水率不得超过0.2% 。

1.5.6 试验记录

班级　　　组别　　　姓名　　　学号　　　　　　　　　　　　年　　月　　日

试验题目	1.5 粗集料密度试验(网篮法)		成　绩	
试验目的				
主要仪器				
试验编号	集料干燥质量 m_a/g	集料在水中的质量 m_w/g	集料的表干质量 m_f/g	修正系数 a_T
1				
2				
3				
集料的表观相对密度		集料的表观密度/$(\text{g}\cdot\text{cm}^{-3})$		
集料的表干相对密度		集料的表干密度/$(\text{g}\cdot\text{cm}^{-3})$		
集料的毛体积相对密度		集料的毛体积密度/$(\text{g}\cdot\text{cm}^{-3})$		
集料的吸水率/%				

试验总结:

1.5.7　思考题

(1)简述集料的表观密度、堆积密度及空隙率(水泥混凝土)的定义。

(2)表观密度、表干密度、毛体积密度按从大到小的顺序如何排列?

(3)某集料实测表观相对密度为2.731,水温为18 ℃(修正系数为0.998 62),请计算表观密度是多少?

(4)测定粗集料的表观密度时,集料为什么要事先浸水24 h?

1.6 粗集料堆积密度及空隙率试验

粗集料堆积密度及空隙率试验

1.6.1 试验目的与适用范围

测定粗集料的堆积密度,包括自然堆积状态、振实状态、捣实状态下的堆积密度,以及堆积状态下的空隙率。

1.6.2 试验设备

(1)天平或台秤:感量不大于称量的0.1%。

(2)容量筒:用于粗集料堆积密度测定的容量筒应符合表1.4的要求。

表1.4 容量筒的规格要求

粗集料公称 最大粒径/mm	容量筒容积/L	容量筒规格/mm			筒壁厚度/mm
		内 径	净 高	底 厚	
≤4.75	3	155±2	160±2	5.0	2.5
9.5~26.5	10	205±2	305±2	5.0	2.5
31.5~37.5	15	255±5	295±5	5.0	3.0
≥53	20	355±5	305±5	5.0	3.0

(3)平头铁锹。

(4)烘箱:能控温在(105±5)℃。

(5)振动台:频率为(3 000±200)次/min,负荷下的振幅为0.35 mm,空载时的振幅为0.5 mm。

(6)捣棒:直径16 mm,长600 mm,一端为圆头的钢棒。

1.6.3 试验准备

按规定方法取样、缩分,质量应满足试验要求,在(105±5)℃的烘箱中烘干,也可以摊在清洁的地面上风干,拌匀后分成两份备用。

1.6.4 试验步骤

(1)自然堆积密度

取试样1份,置于平整干净的水泥地(或铁板)上,用平头铁锹铲起试样,使石子自由落入容量筒内。此时,从铁锹的齐口至容量筒上口的距离应保持在50 mm左右,装满容量筒并除去凸出筒口表面的颗粒,并以合适的颗粒填入凹陷空隙,使表面稍凸起部分和凹陷部分的体积大致相等,称取试样和容量筒总质量 m_2。

（2）振实密度

按自然堆积密度试验步骤,将装满试样的容量筒放在振动台上,振动 3 min,或者将试样分 3 层装入容量筒:装完第 1 层后,在筒底垫放一根直径为 25 mm 的圆钢筋,将筒按住,左右交替颠击地面各 25 下;然后装入第 2 层,用同样的方法颠实(但筒底所垫钢筋的方向应与第 1 层放置方向垂直);最后再装入第 3 层,颠实。待 3 层试样装填完毕后,加料填到试样超出容量筒口,用钢筋沿筒口边缘滚转,刮下高出筒口的颗粒,用合适的颗粒填平凹处,使表面稍凸起部分和凹陷部分的体积大致相等,称取试样和容量筒总质量 m_2。

（3）捣实密度

根据沥青混合料的类型和公称最大粒径,确定起骨架作用的关键性筛孔(通常为 4.75 mm 或 2.36 mm)。将矿料混合料中此筛孔以上颗粒筛出,作为试样装入符合要求规格的容器中达 1/3 的高度,由边至中用捣棒均匀捣实 25 次。再向容器中装入 1/3 高度的试样,用捣棒均匀地捣实 25 次,捣实深度约至下层的表面。然后重复上一步骤,加最后一层,捣实 25 次,使集料与容器口齐平。用合适的集料填充表面的大空隙,用直尺大体刮平,目测估计表面凸起的部分与凹陷的部分的容积大致相等,称取容量筒与试样的总质量 m_2。

（4）容量筒容积的标定

用水装满容量筒,测量水温,擦干筒外壁的水分,称取容量筒与水的总质量 m_w,并按水的密度对容量筒的容积作校正。

1.6.5　试验数据整理

（1）容量筒的容积按式（1.16）计算:

$$V = \frac{m_w - m_1}{\rho_T} \tag{1.16}$$

式中:V——容量筒的容积,mL;

　　m_1——容量筒的质量,g;

　　m_w——容量筒与水的总质量, g;

　　ρ_T——试验温度为 T 时水的密度,g/cm^3。

（2）堆积密度(包括自然堆积状态、振实状态、捣实状态下的堆积密度)按式（1.17）计算,精确至小数点后 2 位:

$$\rho = \frac{m_2 - m_1}{V} \tag{1.17}$$

式中:ρ——与各种状态相对应的堆积密度,g/cm^3;

　　m_1——容量筒的质量,g;

　　m_2——容量筒与试样的总质量,g;

　　V——容量筒的容积,mL。

（3）水泥混凝土用粗集料振实状态下的空隙率按式（1.18）计算:

$$V_c = \left(1 - \frac{\rho}{\rho_a}\right) \times 100\% \tag{1.18}$$

式中：V_c——水泥混凝土用粗集料的空隙率，%；

ρ_a——粗集料的表观密度，g/cm^3；

ρ——按振实法测定的粗集料的堆积密度，g/cm^3。

（4）沥青混合料用粗集料骨架捣实状态的间隙率按式（1.19）计算：

$$VCA_{DRC} = \left(1 - \frac{\rho}{\rho_b}\right) \times 100\% \tag{1.19}$$

式中：VCA_{DRC}——捣实状态下粗集料骨架间隙率，%；

ρ_b——按网篮法测定的粗集料的毛体积密度，g/cm^3；

ρ——按振实法测定的粗集料的自然堆积密度，g/cm^3。

以两次平行试验结果的平均值为测定值。

1.6.6　试验记录

班级　　　　组别　　　　姓名　　　　学号　　　　　　　　　　年　　月　　日

试验题目		1.6　粗集料堆积密度及空隙率试验				成　绩	
试验目的							
主要仪器							
状　态	试验编号	容量筒总体积 V/mL	容量筒质量 m_1/g	试样与筒总质量 m_2/g	试样质量 m_0/g	堆积密度 $/(g \cdot cm^{-3})$	
自然堆积状态	1						
	2						
振实状态	1						
	2						
捣实状态	1						
	2						
孔隙率/%							

试验总结：

1.6.7　思考题

（1）简述自然堆积密度、振实密度和捣实密度的区别。

（2）在将试样装入量筒中时，为什么要使得表面稍凸起部分和凹陷部分的体积大致相等？

（3）试推导粗集料振实状态下的空隙率计算公式 $V_c = \left(1 - \frac{\rho}{\rho_a}\right) \times 100\%$。

1.7 细集料表观密度试验（容量瓶法）

1.7.1 试验目的与适用范围

用容量法测定细集料（天然砂、石屑、机制砂）在 23 ℃时对水的表观相对密度和表观密度。本方法适用于含有少量大于 2.36 mm 部分的细集料。

1.7.2 试验设备

(1)天平：称量 1 kg，感量不大于 1 g。

(2)容量瓶：500 mL。

(3)烘箱：能控温在(105±5)℃。

(4)烧杯：500 mL。

(5)其他：干燥箱、浅盘、铝制料勺、温度计、洁净水等。

1.7.3 试验准备

将缩分至 650 g 左右的试样在温度为(105±5)℃的烘箱中烘干至恒重，并在干燥器内冷却至室温，分成两份备用。

1.7.4 试验步骤

(1)称取烘干的试样约 300 g(m_0)，装入盛有半瓶洁净水的容量瓶中。

(2)摇转容量瓶，使试样在已保温至(23±1.7)℃的水中充分搅动以排除气泡，塞紧瓶塞，在恒温条件下静置 24 h 左右，然后用滴管添水，使水面与瓶颈刻度线平齐，再塞紧瓶塞，擦干瓶外水分，称其总质量 m_2。

(3)倒出瓶中的水和试样，将瓶的内外表面洗净，再向瓶内注入同样温度的洁净水（温差不超过 2 ℃）至瓶颈刻度线，塞紧瓶塞，擦干瓶外水分，称其总质量 m_1。

注：在砂的表观密度试验过程中应测量并控制水的温度，试验期间的温差不得超过 1 ℃。

1.7.5 试验数据整理

(1)细集料的表观相对密度按式(1.20)计算，精确至小数点后 3 位：

$$\gamma_a = \frac{m_0}{m_0 + m_1 - m_2} \tag{1.20}$$

式中：γ_a——细集料的表观相对密度；

m_0——试样的烘干质量，g；

m_1——水及容量瓶总质量,g;

m_2——试样、水及容量瓶总质量,g。

(2)表观密度 ρ_a 按式(1.21)计算,精确至小数点后 3 位:

$$\rho_a = \gamma_a \cdot \rho_T = (\gamma_a - a_T) \times \rho_w \tag{1.21}$$

式中: ρ_a ——细集料的表观密度,g/cm^3;

ρ_w ——水在 4 ℃时的密度,取 1.000 g/cm^3;

a_T ——试验时的水温对水的密度影响的修正系数;

ρ_T ——试验温度为 T 时水的密度,g/cm^3。

以两次平行试验结果的算术平均值作为测定值,如两次结果之差值大于 0.01 g/cm^3,应重新取样进行试验。

1.7.6 试验记录

班级　　　　组别　　　　姓名　　　　学号　　　　　　　　　　　　　年　　　月　　　日

试验题目	1.7 细集料表观密度试验(容量瓶法)					成　绩	
试验目的							
主要仪器							
试验编号	干燥集料质量 m_0/g	试样、水与容量瓶总质量 m_2/g	水与容量瓶总质量 m_1/g	细集料表观相对密度 γ_a	试验温度为 T 时水的密度 ρ_T/($g \cdot cm^{-3}$)	细集料表观密度 ρ_a/($g \cdot cm^{-3}$)	
	①	②	③	④=①/(①+③-②)		单值	平均值
1							
2							
3							

试验总结:

1.7.7 思考题

(1)什么叫相对表观密度?

(2)水温对水的密度有何影响?

1.8 细集料堆积密度及紧装密度试验

1.8.1 试验目的与适用范围

测定砂在自然状态下的堆积密度、紧装密度及空隙率。

1.8.2 试验设备

(1)台秤:称量 5 kg,感量 5 g。

(2)容量筒:金属制,圆筒形,内径 108 mm,净高 109 mm,筒壁厚 5 mm,容积为 1 L。

(3)标准漏斗。

(4)烘箱:温度控制在(105±5)℃。

(5)其他:小勺、直尺、浅盘、玻璃片等。

1.8.3 试验准备

(1)用浅盘装试样约 5 kg,在温度为(105±5)℃的烘箱中烘干至恒重,取出并冷却至室温,分成大致相等的两份备用。

(2)容量筒容积的校正方法:以温度为(20±5)℃的洁净水装满容量筒,用玻璃板沿筒口滑移,使其紧贴水面并擦干筒外壁水分,然后称量,用式(1.22)计算筒的容积 V:

$$V = m_2' - m_1' \qquad (1.22)$$

式中:m_1'——容量筒和玻璃板总质量,g;

m_2'——容量筒、玻璃板和水总质量,g。

注:试样烘干后如有结块,应在试验前先予捏碎。

1.8.4 试验步骤

(1)堆积密度

将试样装入漏斗中,打开底部的活动门,将砂流入容量筒中,也可直接用小勺向容量筒中装试样,但漏斗出料口或料勺距容量筒筒口均应为 500 mm 左右,试样装满并超出容量筒筒口后,用直尺将多余的试样沿筒口中心线向两个相反方向刮平,称取质量 m_1。

(2)紧装密度

取试样 1 份,分 2 层装入容量筒。装完第 1 层后,在筒底垫放一根直径为 10 mm 的钢筋,将筒按住,左右交替颠击地面各 25 下。然后再装入第 2 层,第 2 层装满后用同样方法颠实(但筒底垫钢筋的方向应与第 1 层放置方向垂直)。两层装完并颠实后,添加试样至超出容量筒筒口,然后用直尺将多余的试样沿筒口中心线向两个相反方向刮平,称其质量 m_2。

1.8.5 试验数据整理

（1）堆积密度 ρ 及紧装密度 ρ' 分别按式（1.23）和式（1.24）计算，精确至小数点后 3 位。

$$\rho = \frac{m_1 - m_0}{V} \tag{1.23}$$

$$\rho' = \frac{m_2 - m_0}{V} \tag{1.24}$$

式中：m_0——容量筒的质量，g；

　　m_1——容量筒和堆积密度砂的总质量，g；

　　m_2——容量筒和紧装密度砂的总质量，g；

　　V——容量筒容积，mL。

以两次试验结果的算术平均值作为测定值。

（2）空隙率按式（1.25）计算，精确至小数点后 3 位。

$$n = \left(1 - \frac{\rho}{\rho_a}\right) \times 100\% \tag{1.25}$$

式中：n——砂的空隙率，%；

　　ρ——砂的堆积或紧装密度，g/cm^3；

　　ρ_a——砂的表观密度，g/cm^3。

以两次试验结果的算术平均值作为测定值。

1.8.6 试验记录

班级　　　　组别　　　　姓名　　　学号　　　　　　　　　　　　年　　月　　日

试验题目		1.8　细集料堆积密度及紧装密度试验			成　绩	
试验目的						
主要仪器						
试验编号		容量筒容积 V/mL	容量筒质量 m_0/g	试样+容量筒质量 m_1/g	试样质量 m/g	堆积密度或紧装密度 ρ/（g·cm^{-3}）	平均值 /（g·cm^{-3}）
		①	②	③	④=③-②	⑤=④/①	⑥
堆积密度	1						
	2						
紧装密度	1						
	2						

试验总结：

1.8.7　思考题

（1）如何校正容量筒的容积？

（2）在测紧装密度试验往量筒装试样的过程中，应注意什么？

1.9 细集料筛分试验

1.9.1 试验目的与适用范围

测定细集料(天然砂、人工砂、石屑)的颗粒级配及粗细程度。对水泥混凝土用细集料可采用干筛法,如果需要也可采用水洗法筛分。对沥青混合料及基层用细集料必须用水洗法筛分。

注:当细集料中含有粗集料时,可参照细集料筛分试验用水洗法筛分,但需特别注意保护标准筛筛面不遭损坏。

1.9.2 试验设备

(1)标准筛。

(2)天平:称量1 000 g,感量不大于0.5 g。

(3)摇筛机。

(4)烘箱:控温在(105±5)℃。

(5)其他:浅盘和硬、软毛刷等。

1.9.3 试验准备

根据样品中最大粒径的大小,选用适宜的标准筛,通常用9.5 mm筛(水泥混凝土用天然砂)或4.75 mm筛(沥青路面及基层用的天然砂、石屑、机制砂等)筛除其中的超粒径材料。然后在潮湿状态下将样品充分拌匀,用分料器法或四分法缩分至每份不少于550 g的试样两份,在(105±5)℃的烘箱中烘干至恒重,冷却至室温后备用。

注:恒重系指相邻两次称量间隔时间大于3 h(通常不少于6 h)的情况下,前后两次称量之差小于该项试验所要求的称量精度。

1.9.4 试验方法与步骤

(1)干筛法

①准确称取烘干试样约500 g(m_1),精确至0.5 g。置于套筛的最上面一只筛,即4.75 mm筛上,将套筛套入摇筛机,摇筛约10 min。然后取出套筛,再按筛孔大小顺序,从最大的筛号开始,在清洁的浅盘上逐个进行手筛,直到每分钟的筛出量不超过筛上剩余量的0.1%时为止。将筛出通过的颗粒并入下一号筛,和下一号筛中的试样一起过筛,以此顺序进行至各号筛全部筛完为止。

注:a.试样如为特细砂时,试样质量可减少到100 g;

b.如试样含泥量超过5%,不宜采用干筛法;

c.无摇筛机时,可直接用手筛。

②称量各筛筛余试样的质量,精确至 0.5 g。所有各筛的分计筛余量和底盘中剩余量的总量与筛分前的试样总量相差不得超过后者的 1%。

（2）水洗法

①准确称取烘干试样约 500 g（m_1）,精确至 0.5 g。

②将试样置于一洁净容器中,加入足够数量的洁净水,将集料全部盖没。

③用搅棒充分搅动集料,使集料表面洗涤干净,使细粉悬浮在水中,但不得有集料从水中溅出。

④用 1.18 mm 筛及 0.075 mm 筛组成套筛,仔细将容器中混有细粉的悬浮液徐徐倒出,经过套筛流入另一容器,但不得将集料倒出。

注:不可直接倒至 0.075 mm 筛上,以免集料掉出损坏筛面。

⑤重复②~④步骤,直至倒出的水洁净且将小于 0.075 mm 的颗粒全部倒出。

⑥将容器中的集料倒入搪瓷盘中,用少量水冲洗,使容器上黏附的集料颗粒全部进入搪瓷盘中。将筛子反扣过来,用少量的水将筛上的集料冲洗入搪瓷盘中。操作过程中不得有集料散失。

⑦将搪瓷盘连同集料一起置于（105±5）℃的烘箱中烘干至恒重,称取干燥集料试样的总质量 m_2,精确至 0.1%。m_1 与 m_2 之差即为通过 0.075 mm 部分的集料质量。

⑧将全部要求筛孔组成套筛（但不需 0.075 mm 筛）,将已经洗去小于 0.075 mm 部分的干燥集料置于套筛上（通常为 4.75 mm 筛）,将套筛装入摇筛机,摇筛约 10 min。然后取出套筛,再按筛孔大小顺序,从最大的筛号开始,在清洁的浅盘上逐个进行手筛,直至每分钟的筛出量不超过筛上剩余量的 1% 时为止。将筛出通过的颗粒并入下一号筛,和下一号筛中的试样一起过筛,以此顺序进行,直至各号筛全部筛完为止。

注:如为含有粗集料的集料混合料,套筛筛孔根据需要选择。

⑨称量各筛筛余试样的质量,精确至 0.5 g。所有各筛的分计筛余量和底盘中剩余量的总质量与筛分前试样总量 m_2 的差值不应超过后者的 1%。

1.9.5　试验数据整理

（1）计算分计筛余百分率。

各号筛的分计筛余百分率为各号筛上的筛余量除以试样总量 m_1 的百分率,精确至 0.1%。对沥青路面细集料而言,0.15 mm 筛下部分即为 0.075 mm 的分计筛余,由 1.9.4 小节的步骤⑦测得的 m_1 与 m_2 之差即为小于 0.075 mm 的筛底部分的集料质量。

（2）计算累计筛余百分率。

各号筛的累计筛余百分率为该号筛及大于该号筛的各号筛的分计筛余百分率之和,精确至 0.1%。

（3）计算质量通过百分率。

各号筛的质量通过百分率等于 100% 减去该号筛的累计筛余百分率,精确至 0.1%。

（4）根据各筛的累计筛余百分率或通过百分率,绘制级配曲线。

（5）天然砂的细度模数按式（1.26）计算,精确至 0.01。

$$M_X = \frac{(A_{0.15} + A_{0.3} + A_{0.6} + A_{1.18} + A_{2.36}) - 5A_{4.75}}{100 - A_{4.75}} \tag{1.26}$$

式中：M_X——砂的细度模数；

$A_{0.15}$，$A_{0.3}$，$\cdots$，$A_{4.75}$——0.15 mm，0.3 mm，$\cdots$，4.75 mm 各筛上的累计筛余百分率，%。

应进行两次平行试验，以试验结果的算术平均值作为测定值。如两次试验所得的细度模数之差大于0.2，应重新进行试验。

1.9.6 试验记录

班级　　　组别　　　姓名　　　学号　　　　　　　　　　　　　年　　月　　日

试验题目	1.9　细集料筛分试验								成　绩	
试验目的										
主要仪器										
干筛试样	第1组				第2组				平均值	
筛孔尺寸 /mm	筛上质量 /g	分计筛余 /%	累计筛余 /%	通过百分率/%	筛上质量 /g	分计筛余 /%	累计筛余 /%	通过百分率/%	通过百分率/%	

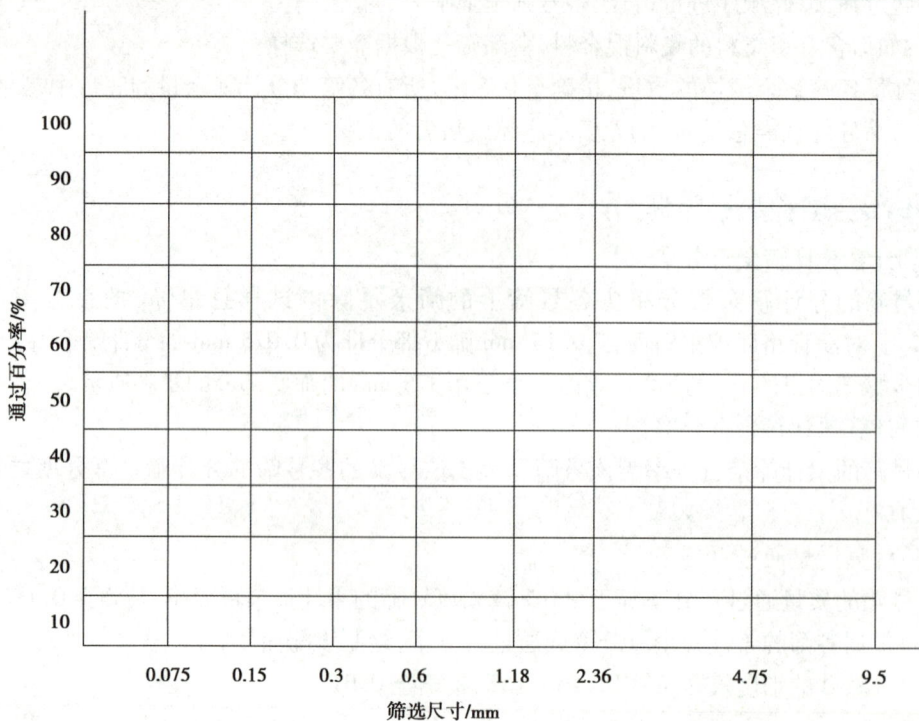

试验总结：

1.9.7　思考题

(1)简述天然砂的细度模数的定义。

(2)中砂细度模数的范围是多少?

(3)细集料有几种?

(4)简述干筛法与水筛法各自应用的范围。

1.10 粗集料筛分试验(干筛法)

1.10.1 试验目的与适用范围

(1)试验目的:测定粗集料(碎石、砾石、矿渣)的颗粒组成,为水泥混凝土配合比设计提供依据。对水泥混凝土用粗集料可用干筛法筛分,对沥青混合料及基层用粗集料必须采用水洗法试验。

(2)适用范围:本方法也适用于同时含有粗集料、细集料、矿粉的集料混合料筛分试验,如未筛碎石、级配碎石、无机结合料稳定基层材料、沥青拌合料的冷热结合料、沥青混合料经溶剂提抽后的矿料等。

1.10.2 试验设备

(1)试验筛:根据需要选用规定的标准筛。

(2)天平或台秤:感量不大于试样质量的0.1%。

(3)烘箱:控温在(105±5)℃。

(4)其他:盘子、铲子、毛刷等。

1.10.3 试验步骤

(1)将集料用四分法缩分至表1.5所示要求的试样所需量,风干后备用。根据需要,可按要求的集料最大粒径的筛孔尺寸过筛,除去超粒径部分颗粒后,再进行筛分。

表1.5 筛分用的试样最小质量

公称最大粒径/mm	75	63	37.5	31.5	26.5	19	16	9.5	4.75
试样最小质量/kg	10	8	5	4	2.5	2	1	1	0.5

(2)将一份试样置于(105±5)℃的烘箱中烘干至恒重,称取干燥集料试样的总质量,精确至0.1%。

(3)将搪瓷盘作为筛分容器,按筛孔大小排列顺序逐个将集料过筛,人工筛分时,需使集料在筛面上同时有水平方向及上下方向的不停顿的运动,使小于筛孔的集中通过筛孔,直至1 min内通过筛孔的质量小于筛上残余量的0.1%为止。采用摇筛机筛分后,应该逐个由人工补筛。将筛出通过的颗粒并入下一号筛,和下一号筛中的试样一起过筛,以此顺序进行,直至各号筛全部筛完为止。

(4)如果某个筛上的集料过多,影响筛分作业时,可以分两次筛分。当筛余颗粒的粒径大于19 mm时,筛余过程中允许用手指轻轻拨动颗粒,但不得逐粒塞过筛孔。

(5)称取每个筛上的筛余量,精确至总质量的0.1%。各筛分计筛余量及筛底存量的总和与筛分前试样的总质量 m_0 相比,相差不得超过 0.5%。

1.10.4　试验数据整理

(1)计算分计筛余百分率 a_i:

$$a_i = \frac{m_i}{m_0} \times 100\% \tag{1.27}$$

式中:a_i——各号筛上的分计筛余百分率,%;

$\quad m_0$——用于干筛的干燥集料总质量,g;

$\quad m_i$——各号筛上的分计筛余质量,g。

(2)计算累计筛余百分率 A_i。

各号筛的累计筛余百分率为该号筛及大于该号筛的各号筛的分计筛余百分率之和,精确至 0.1%。

(3)计算质量通过百分率 P_i。

各号筛的质量通过百分率等于 100% 减去该号筛累计筛余百分率,精确至 0.1%。

(4)根据需要,绘制筛分曲线。

1.10.5　注意事项

(1)如果某个筛上的集料过多,影响筛分作业时,可以分两次筛分。

(2)当筛余颗粒的粒径大于 19 mm 时,筛分过程中允许用手指轻轻拨动颗粒,但不得逐粒塞过筛孔。

(3)对于沥青路面用粗集料的筛分必须采用水洗法进行。

1.10.6　试验记录

班级　　　　组别　　　　姓名　　　　学号　　　　　　　　　　年　　月　　日

试验题目	1.10　粗集料筛分试验(干筛法)		成　绩	
试验目的				
主要仪器				
干筛试样总质量/%	第1组	第2组		平均值
水洗后筛上总质量/g				
水洗后 0.075 mm 筛余量/g				
0.075 mm 通过率/%				

续表

筛孔尺寸/mm		筛上质量/g	分计筛余/%	累计筛余/%	通过百分率/%	筛上质量/g	分计筛余/%	累计筛余/%	通过百分率/%	通过百分率/%
水洗后干筛法筛分										
	筛底质量/g									
	干筛后总质量/g									
损耗质量/g										
损耗率/%										
扣除损耗后总质量/g										

试验总结:

1.10.7 思考题

（1）为什么要进行粗集料筛分试验？

（2）对于沥青路面用粗集料的筛分为什么必须采用水洗法进行？

1.11 水泥混凝土用粗集料针片状颗粒含量试验（规准仪法）

1.11.1 试验目的与适用范围

（1）本方法测定的粗集料中针片状颗粒的含量，可用于评价集料的形状和抗压碎的能力，以评定其在工程中的适用性。本方法适用于测定水泥混凝土使用的 4.75 mm 以上粗集料的针状及片状颗粒含量，以百分率计。

（2）本方法测定的针片状颗粒，是指利用专用的规准仪测定的粗集料颗粒的最小厚度（或直径）方向与最大长度（或宽度）方向的尺寸之比小于一定比例的颗粒。

1.11.2 试验设备

（1）水泥混凝土用粗集料针片状规准仪分别如图 1.1 和图 1.2 所示，其尺寸应符合表 1.6 所示的要求。

（2）天平或台秤：感量不大于称量值的 0.1%。

（3）标准筛：孔径分别为 4.75 mm，9.5 mm，16 mm，19 mm，26.5 mm，31.5 mm，37.5 mm，试验时根据需要选用。

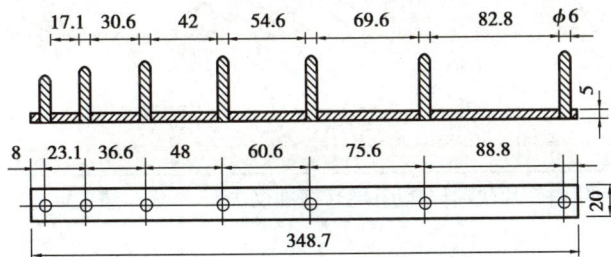

图 1.1　针状规准仪　　　　图 1.2　片状规准仪

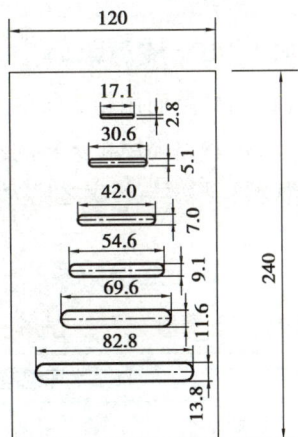

表 1.6　水泥混凝土用粗集料针片状颗粒试验的粒级划分及相对应的规准仪孔宽或间距

粒级（圆孔筛）/mm	4.75～9.5	9.5～16	16～19	19～26.5	26.5～31.5	31.5～37.5
针状规准仪上相对应的立柱之间的间距宽/mm	17.1(B1)	30.6(B2)	40.0(B3)	54.6(B4)	69.6(B5)	82.2(B6)
片状规准仪上相对应的立孔宽/mm	2.8(A1)	5.1(A2)	7.0(A3)	9.1(A4)	11.6(A5)	13.8(A6)

1.11.3　试验步骤

（1）将试样在室内风干至表面干燥，并用四分法缩分至满足表 1.7 所规定的质量，称量试样总质量 m_0，然后筛分成表 1.7 所规定的粒级备用。

表 1.7　针、片状试验所需要的试样最小质量

公称最大粒径/mm	9.5	16	19	26.5	31.5	37.5
试样最小质量/kg	0.3	1	2	3	5	10

（2）按表 1.7 所规定的粒级用规准仪逐粒对试样进行鉴定，凡颗粒长度大于针状规准仪上相应间距者，为针状颗粒；厚度小于片状规准仪上相应孔宽者，为片状颗粒。

（3）称量由各粒级挑出的针状和片状颗粒的总量 m_1。

1.11.4　试验数据整理

试样针片颗粒含量按式（1.28）计算：

$$Q_e = \frac{m_1}{m_0} \times 100\% \tag{1.28}$$

式中：Q_e——试样的针片颗粒含量，%；

　　　m_1——试样中所含针片状颗粒的总质量，g；

　　　m_0——试样总质量，g。

1.11.5　注意事项

（1）沥青路面用粗集料的细长扁平颗粒含量采用游标卡尺法进行测定。

（2）沥青路面用粗集料的细长扁平颗粒厚度与长度之比为 1:3，而水泥混凝土用粗集料针片状颗粒厚度与长度之比为 1:6。

1.11.6　试验记录

班级　　　组别　　　姓名　　　学号　　　　　　　　　年　　月　　日

试验题目	1.11　水泥混凝土用粗集料针片状颗粒含量试验（规准仪法）				成　绩	
试验目的						
主要仪器						
试验编号	风干试样总质量 m_0/g	各级针片状颗粒质量 m_2/g		针片状颗粒总质量 m_1/g	针片状颗粒含量 $Q_e = m_1/m_0 \times 100\%$	
		针状	片状	$m_1 = \sum m_2$	单值	平均值
1						
2						

试验总结：

1.11.7　思考题

（1）粗集料针片状颗粒含量对混凝土的质量会产生什么影响？

（2）简述规准仪的使用方法。

第 2 章

石灰和水泥试验

2.1 石灰有效氧化钙含量测定

石灰有效氧化钙含量测定

2.1.1 试验目的

测定石灰中 CaO 质量分数,用于判定石灰质量,确定石灰技术等级。

2.1.2 试验设备

(1)筛子(2 mm 和 0.15 mm 各一个)。

(2)烘箱,干燥器,分析天平(感量 0.000 1 g)。

(3)具塞三角瓶。

(4)量筒。

(5)酸式滴定管、滴定架。

(6)蔗糖、酚酞指示剂、盐酸标准溶液。

(7)玻璃珠等。

2.1.3 试验步骤

(1)试样制备

①生石灰试样:将生石灰打碎使颗粒不大于 2 mm。拌和均匀,用四分法缩减至 200 g 左右,放入研钵内研细,再缩分至 20 g 左右。研磨后将石灰通过 0.10 mm 筛筛分,置于烘箱烘干 1 h(100 ℃),贮于干燥器内供试验用。

②消石灰试样:用四分法将消石灰样品缩减至 10 g 左右。置于烘箱内烘干 1 h,贮于干燥器中供试验用。

(2)称取消石灰试样 0.5 g(精确至 0.000 5 g),置于干燥洁净的 250 mL 具塞三角瓶中,取 5 g 蔗糖覆盖其上,投入干玻璃珠 15 粒。迅速加入新制洁净水 50 mL,立即加塞振荡 15 min。

(3)打开瓶塞,加入 2~3 滴酚酞指示剂,溶液即呈粉红色,然后置于滴定架上,用盐酸滴定。

（4）滴定时先记下滴管内盐酸初读数 V_1，以 2～3 滴/s 的速度滴定，至溶液的粉红色显著消失并在 30 s 内不再出现即止。

（5）读取中和后滴定管内盐酸终读数 V_2，计算盐酸消耗量 V，即 $V = V_2 - V_1$。

2.1.4　试验数据整理

有效氧化钙的含量（质量分数）计算：

$$\omega(CaO) = \frac{V \times N \times 0.028}{G} \times 100\% \tag{2.1}$$

式中：V——滴定时消耗盐酸标准溶液的体积，mL；

　　　N——盐酸标准溶液当量浓度，mol/L；

　　　G——试样质量，g。

　　　0.028——氧化钙毫克当量。

对同一石灰样品应取两个试样分别进行平行测定，并取两次结果的平均值作为测定值。

2.1.5　注意事项

（1）试样加洁净水振荡时，振荡力适度，勿让试样黏于瓶壁。

（2）滴定时控制好滴定速度，以免盐酸过量。

（3）试验完冲洗三角瓶时，要先用稀盐酸冲洗一次，再用洁净水冲洗干净，以免影响下一次试验结果。

（4）在计算石灰中有效 CaO 含量时，盐酸浓度应取标定后的数据。

2.1.6　试验记录

班级　　　　组别　　　　姓名　　　　学号　　　　　　　　　　　　　　年　月　日

试验题目		2.1　石灰有效氧化钙含量测定					成　绩	
试验目的								
主要仪器								
试验编号	称量瓶号	空瓶质量 m_0/g	瓶+试样质量 m_1/g	试样质量 G/g	盐酸当量 N/(mol·L^{-1})	消耗盐酸体积/mL	石灰有效 CaO 质量分数/%	
①	②	③	④	⑤=④-③	⑥	⑦	单值	平均值
1								
2								

试验总结：

附：盐酸浓度标定

①0.5 mol/L 盐酸标准溶液：将 42 mL 浓盐酸（相对密度 1.19）稀释至 1 L，按下述方法标定其当量浓度。

②称取 0.800 ~ 1.000 g(精确至 0.000 2 g)已在 180 ℃温度下烘干 2 h 的碳酸钠,置于 250 mL 三角瓶中,加入 100 mL 水使其完全溶解。

③加入 2 ~ 3 滴 0.1% 甲基橙指示剂,用待标定的盐酸标准溶液滴定,至碳酸钠溶液由黄色变成橙色。将溶液加热至沸,并保持微沸 3 min,然后放在冷水中冷却至室温,如此时溶液由红色变为黄色,则再用盐酸标准溶液滴定,直至溶液出现稳定橙红色时为止,记录盐酸消耗量(mL)。

盐酸标准溶液的准确浓度按下式计算:

$$N = \frac{Q}{V \times 0.053}$$

式中:N——盐酸标准溶液的浓度,mol/L;

  Q——称取碳酸钠的质量,g;

  V——滴定时消耗盐酸标准溶液的体积,mL;

  0.053——与 1.00 mL,1.000 mol/L 盐酸标准溶液完全反应的基准碳酸钠的质量。

2.1.7　思考题

(1)CaO 的质量分数对石灰的质量有何影响?

(2)石灰试样上覆盖蔗糖的作用是什么?

(3)请写出氧化钙和盐酸反应的化学式。

2.2 水泥或石灰剂量测定

2.2.1 试验目的和适用范围

（1）本方法适用于在工地快速测定水泥和石灰稳定土中水泥和石灰的剂量，还可以用于检查拌和的均匀性。稳定的土可以是细粒土，也可以是中粒土或粗粒土。本方法不受水泥和石灰稳定土龄期（7 d 以内）的影响。工地水泥和石灰稳定土含水量的少量变化（±2% 以内），实际上不影响测定结果。用本方法进行一次剂量测定，只需 10 min 左右。

（2）本方法也可以用来测定水泥和石灰综合稳定土中结合料的剂量。

2.2.2 试验设备

（1）滴定管（酸式）:50 mL,1 支。

（2）滴定管支架:1 个。

（3）滴定管夹:1 个。

（4）大肚移液管:10 mL,6 支。

（5）锥形瓶（即三角瓶）:200 mL,12 个。

（6）烧杯:500 mL,1 只;50 mL,3 只。

（7）容量瓶:1 000 mL,1 个。

（8）搪瓷杯:容量大于 1 200 mL,6 只。

（9）不锈钢搅拌棒或粗玻璃棒:长 30 ~ 35 cm,2 根。

（10）托盘天平:称量 500 g,感量 0.5 g。

（11）精密试纸:pH12 ~ 14,最好用 pH 值测定仪（酸度计）。

（12）量筒:1 000 mL,100 mL,25 mL,5 mL 各 1 个。

（13）棕色广口瓶:25 mL,1 只（装紫脲酸胺粉或钙红）,也可以用有盖塑料瓶。

（14）聚乙烯桶:20 L 的 1 个（装蒸馏水）;10 L 的 1 个（装氯化铵溶液）。

（15）聚乙烯瓶:1 L 的 1 个（装氢氧化钠）。

（16）聚乙烯试剂瓶:1 L 的 1 个（装 EDTA）。

（17）玻璃试剂瓶:1 个（盛放三乙醇胺）。

（18）秒表 1 只。

（19）其他:洗耳球 1 个、玻璃棒若干根、毛刷、去污粉、特种铅笔、滴管。

2.2.3 试剂

（1）配制 0.1 mol/L 乙二胺四乙酸二钠（简称 EDTA 二钠）标准液

准确称取 EDTA 二钠（分析纯）37.226 g,用微热的无二氧化碳的蒸馏水溶解,待全部溶解并冷却至室温后,用容量瓶定容至 1 000 mL。

(2)配制质量分数 10% 的氯化铵溶液

将 500 g 氯化铵(分析纯或化学纯)放在 10 L 的聚乙烯桶内,加蒸馏水 4500 mL,充分振荡,使氯化铵完全溶解。也可以分批在 1 000 mL 的烧杯内配制,然后倒入塑料桶内。

(3)配制质量分数 25% 的氢氧化纳溶液

将 25 g 氢氧化钠溶于 75 mL 无二氧化碳的蒸馏水中,贮存于料瓶中。

(4)配制体积分数 20% 的三乙醇胺

将 20 mL 三乙醇用蒸馏水稀释到 100 mL,贮于玻璃试剂瓶中。

(5)配制紫脲酸胺指示剂

将 1 g 紫脲酸胺与 19 g 干燥氯化钠(分析纯)一起放入瓷研钵中,研成极细粉末,贮于棕色磨毛的广口瓶中,以防紫脲酸胺吸湿结块。也可用钙红指示剂:将 0.2 g 钙(钙红)试剂与 20 g 在 105 ℃烘箱中烘干的硫酸钾混合,一起放入瓷研钵中,研成极细粉末,贮于瓶中,以防吸湿。

2.2.4 试验步骤

(1)准备标准曲线

①取样

取工地用石灰和集料,风干后分别过 2.0 mm 或 2.36 mm 筛,用烘干法或酒精燃烧法测其含水量,如为水泥,可假定其含水量(质量分数)为 0。

②混合料组成的计算

A.计算公式如式(2.2)所示:

$$干料质量 = \frac{湿料质量}{1+含水量} \tag{2.2}$$

B.计算步骤如下:

a.混合料质量:

$$混合料质量 = \frac{300}{1+最佳含水量} \tag{2.2a}$$

b.干土质量:

$$干土质量 = \frac{干混合料质量}{1+石灰(或水泥)剂量} \tag{2.2b}$$

c.干石灰(或水泥)质量:

$$干石灰(或水泥)质量 = 干混合料质量-干土质量 \tag{2.2c}$$

d.湿土质量:

$$湿土质量 = 干土质量×(1+土的风干含水量) \tag{2.2d}$$

e.湿石灰质量:

$$湿石灰质量 = 干石灰质量×(1+石灰的风干含水量) \tag{2.2e}$$

f.石灰土中应加入的水:

$$石灰土中应加入的水 = 300-湿土质量-湿石灰质量 \tag{2.2f}$$

③准备试样

a.必须严格保持所有仪器设备的清洁,应该用蒸馏水洗刷。

b. 准备 4 ~ 5 种试样,每种 3 个样品(以水泥稳定料为例)。

第 1 种:称 3 份 300 g 集料(如为细粒土,则每份的质量可减为 100 g)分别放在 3 个搪瓷杯内。集料的含水量应等于工地预期达到的最佳含水量。集料中所加的水应与工地所用的水相同(300 g 为湿重)。

第 2 种:准备 3 份水泥剂量为 2% 的水泥土混合料试样,每份均重 300 g,并分别放在 3 个搪瓷杯内。水泥土混合料的含水量应等于工地预期达到的最佳含水量。混合料中所加的水应与工地所用的水相同。

第 3 种、第 4 种、第 5 种:各准备 3 份水泥剂量分别为 4%、6%、8% 的水泥土混合料试样,每份均重 300 g,并分别放在 9 个搪瓷杯内,其他要求同第 1 种。

c. 取一个盛有试样的搪瓷杯,在杯内加 600 mL 的 10% 氯化铵溶液(当仅用 100 g 拌合料时,只需 200 mL 的 10% 氯化铵溶液)。用不锈钢搅拌棒充分搅拌 3 min(110 ~ 120 次/min)。如水泥(或石灰)土混合料中的土是细粒土,也可以用 1 000 mL 锥形瓶代替搪瓷杯,手握锥形瓶(瓶口向上)用力振荡 3 min(120 次/min),以代替搅拌棒搅拌。放置沉淀 4 min(如 4 min 后,得到的是混浊悬浮液,则应增加放置沉淀时间,直到出现澄清悬浮液为止,并记录所需时间。以后所有该种水泥或石灰土混合料的试验,均应以同一时间为准),然后将上部清液移到 500 mL 烧杯内,搅匀,加盖表面皿待测。

d. 用移液管吸取上层(液面下 1 ~ 2 cm)悬浮液 10 mL,放入 20 mL 的锥形内加蒸馏水 75 mL 并摇匀,往瓶中加 25% 的氢氧化钠溶液,用量约 4 mL(开始可先往瓶中倒入 3 ~ 4 mL,然后用滴管滴加),使溶液的 pH 值介于 13.0 ~ 13.5(用 pH 精密试纸鉴定,或用 pH-2、HS-3 酸度计)。然后加入紫脲酸胺指示剂(体积约大于绿豆粒),摇匀溶液呈玫瑰红色。

④用 EDTA 二钠标准液滴定

用 EDTA 二钠标准液滴定到纯蓝色为终点,记录 EDTA 二钠的消耗量(以 mL 计,精确至 0.1 mL)。

对其他几个搪瓷杯中的试样,用同样的方法进行试验,并记录各自的 EDTA 二钠的消耗量。

⑤绘制曲线

以同一水泥或石灰剂量的 EDTA 二钠的消耗量(mL)的平均值为纵坐标,以水泥或石灰剂量(%)为横坐标。两者的关系应是一根平滑的曲线,如图 2.1 所示。如素集料或水泥或石灰改变,必须重绘标准曲线。

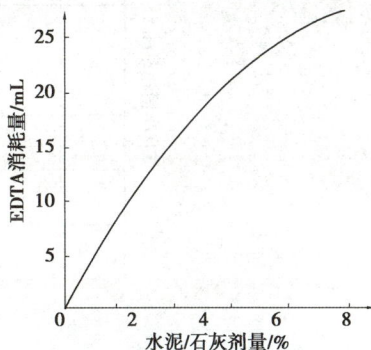

图 2.1　水泥/石灰标准曲线

(2)工地检测操作步骤

①选取有代表性的水泥土或石灰土混合料,称 300 g 放在搪瓷杯中,用搅拌棒将结块搅散,加 600 mL 的 10% 氯化铵溶液,然后如前述步骤那样进行试验。

②利用所绘制的标准曲线,根据所消耗的 EDTA 二钠用量,确定混合料中的水泥或石灰剂量。

2.2.5　注意事项

(1)每个样品搅拌的时间、速度和方式应力求相同,以减小试验误差。

（2）配置的氯化铵溶液，最好当天用完，不要放置过久，以免影响试验的精度。

（3）绘制标准曲线时，如工地实际水泥剂量较大，素集料和低剂量水泥的试样可以不做，直接用较大的剂量做试验，但应有两种剂量大于实际用剂量，以及两种剂量小于实际剂量。

2.2.6　试验记录

班级　　　　组别　　　　姓名　　　　　学号　　　　　　　　　　　　　　年　　月　　日

试验题目	2.2　水泥或石灰剂量测定			成　绩	
试验目的					
主要仪器					
试验编号	滴定前读数 V_1/mL	滴定后读数 V_2/mL	EDTA 消耗量 V/mL	标准曲线水泥/石灰剂量/%	

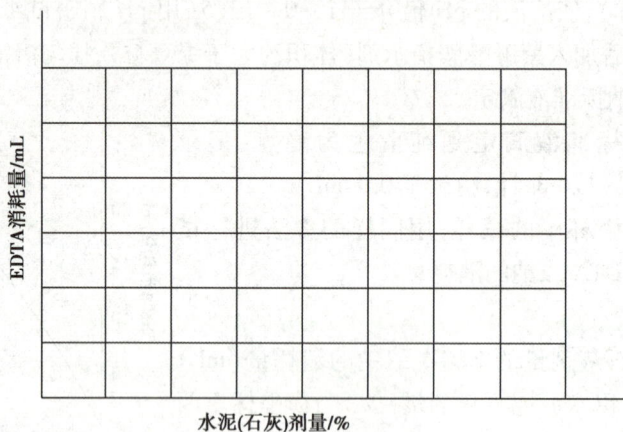

水泥(石灰)剂量/%

试验总结：

2.2.7　思考题

（1）配置的氯化铵溶液放置过久会产生什么样的影响？

（2）绘制石灰标准曲线时应注意什么？

2.3 无机结合料稳定材料的无侧限抗压强度试验

无机结合料稳定材料的无侧限抗压强度试验

2.3.1 试验目的与适用范围

本试验方法适用于测定无机结合料稳定材料(包括稳定细粒土、中粒土和粗粒土)试件的无侧限抗压强度。

2.3.2 试验设备

(1)标准养护室。

(2)水槽:深度应大于试件高度 50 mm。

(3)压力机或万能试验机(也可用路面强度试验仪和测力计)。压力机应符合现行《液压式试验压力机》(GB/T 3722—1992)及《试验机通用技术要求》(GB/T 2611—2007)的要求,其测量精度为±1%,同时应具有加载速率指示装置或加载速率控制装置。上下压板平整并有足够刚度,可以均匀地连接加载卸载,可以保持固定荷载。开机停机均灵活自如,能够满足试件吨位要求,且压力机加载速率可以有效控制在 1 mm/min。

(4)电子天平:量程 15 kg,感量 0.1 g;量程 4 kg,感量 0.01 g。

(5)量筒、拌和工具、大小铝盒、烘箱等。

(6)球形支座。

(7)机油:若干。

(8)方孔筛:孔径 53 mm,37.5 mm,31.5 mm,26.5 mm(或 4.75 mm)及 2.36 mm 的筛各一个。

(9)试模:适用于下列不同土的试

细粒土(最大粒径不超过 10 mm   0 mm×50 mm;

中粒土(最大粒径不超过 25 m   100 mm×100 mm;

粗粒土(最大粒径不超过 40   150 mm×150 mm。

2.3.3 试料制备和养护

(1)细粒土:试模直径×高=50 mm×50 mm;中粒土:试模直径×高=100 mm×100 mm;粗粒土:试模直径×高=150 mm×150 mm。

(2)按照规程《无机结合料稳定材料试件制作方法》T0843 方法成型径高比为 1:1 的圆柱形试件。

(3)按照规程《无机结合料稳定材料试件养生试验方法》T0845-2009 的标准养生方法进行 7 d 的标准养生。

(4)将试件两顶面用刮刀刮平,必要时可用快凝水泥砂浆抹平试件顶面。

（5）为保证试验结果的可靠性和准确性，每组试件的数目要求为：小试件不少于 6 个，中试件不少于 9 个，大试件不少于 13 个。

2.3.4　试验步骤

（1）根据试验材料的类型和一般的工程经验，选择合适量程的测力计和压力机，试件破坏荷载应大于测力量程的 20% 且小于测力量程的 80%。球形支座和上下顶板涂上机油，使球形支座能够灵活转动。

（2）将已浸水一昼夜的试件从水中取出，用软布吸去试件表面的水分，并称试件的质量 m_4。

（3）用游标卡尺测量试件的高度 h，精确至 0.1 mm。

（4）将试件放到路面材料强度试验仪或试验机上，并在升降台上先放一扁球座，进行抗压试验。试验过程中，应保持加载速率为 1 m/min。记录试件破坏时的最大压力 $P(N)$。

（5）从试件内部取有代表性的样品（经过打破），测定其含水量 ω。

2.3.5　试验数据整理

试件的无侧限抗压强度按式（2.3）计算：

$$R_c = \frac{P}{A} \tag{2.3}$$

式中：R_c——试件无侧限抗压强度，MPa；

　　P——试件破坏的最大压力，N；

　　A——试件的截面积，mm^2。

试件的截面积按式（2.4）计算：

$$A = \frac{1}{4}\pi D^2 \tag{2.4}$$

式中：D——试件的直径，mm。

2.3.6　结果整理

（1）抗压强度保留 1 位小数。

（2）同一组试件试验中，采用 3 倍均方差方法剔除异常值，小试件可以有允许 1 个异常值，中试件 1~2 个异常值，大试件 2~3 个异常值。异常值数量超过上述规定的试验须重做。

（3）同一组试验的变异系数 C_v 符合下列规定方为有效试验：小试件 ≤6%，中试件 ≤10%，大试件 ≤15%。如不能保证试验结果的变异系数小于规定的值，则应按允许误差 10% 重新计算所需的试件数量，增加试件数量并另做新试验。新试验结果与原试验结果一并重新进行统计评定，直到变异系数满足上述规定。

2.3.7　报告整理

试验记录应包括以下内容：

（1）材料的颗粒组成；

（2）水泥的种类和强度等级或石灰的等级；

（3）重型击实最佳含水量（％）和最大干密度（g/cm³）；

（4）无机结合料类型及剂量；

（5）所用的试验方法类别；

（6）试验结果极小值和极大值；

（7）试件干密度（保留 3 位小数，g/cm³）或压实度；

（8）吸水量以及测抗压强度时的含水量（％）；

（9）抗压强度，保留 1 位小数；

（10）若干个试验结果的最小值和最大值、平均值 R_c、标准差 S 变异系数 C_v 和 95％保证率的值 $R_{c0.95}$（$R_{c0.95} = R_c - 1.645S$）。

2.3.8　试验记录

班级　　　　　组别　　　　　姓名　　　　　学号　　　　　成绩　　　　　年　　月　　日

2.3 无机结合料稳定材料的无侧限抗压强度试验

试验题目

试验目的

主要仪器

试验编号	试模尺寸/mm	成型日期/d	龄期/d	试验日期	成型后试件测定					饱和前试件质量/g	养生期间质量/g	饱水后试件测定						
					试件质量/g	试件高/mm	湿密度/(g·cm⁻³)	含水量/%	干密度/(g·cm⁻³)			试件质量/g	试件高/mm	湿密度/(g·cm⁻³)	含水量/%	干密度/(g·cm⁻³)	破坏时最大压力/kN	抗压强度/MPa
1																		
2																		
3																		
4																		
5																		
6																		
7																		
8																		
9																		

结果	试件个数/个	平均值 R_c/MPa	标准差 S	变异系数 C_v/%	$R_d/(1-Z_a \times C_r)$	评定 $R \geqslant R_d/(1-Z_a \times C_r)$

试验总结：

2.3.9　思考题

（1）什么叫无侧限抗压强度？

（2）为什么要测定样品的含水量？

（3）为什么要控制加载的速率？

2.4 水泥胶砂强度检验

2.4.1 试验目的

根据国家标准要求,用 40 mm×40 mm×160 mm 的棱柱体试体测试水泥胶砂在一定龄期时的抗压强度和抗折强度,从而确定水泥的强度等级或判定是否达到某一强度等级。

2.4.2 试验依据

试验参照《水泥胶砂强度检验方法(ISO 法)》(GB/T 17671—1999)。

2.4.3 试验设备

(1)试模:由 3 个 40 mm×40 mm×160 mm 模槽组成,如图 2.2(a)所示。

(2)抗折强度试验机:三点抗折,加载速度可控制在(50±10)N/s。

(3)抗压强度试验机:最大荷载为 200~300 kN,精度为 1%。

(4)自动滴管或天平:225 mL,精度为 1 mL;或称量为 500 g,精度为 1 g。

(5)水泥胶砂搅拌机:见图 2.2(b)。

（a）试模　　　（b）水泥胶砂搅拌机

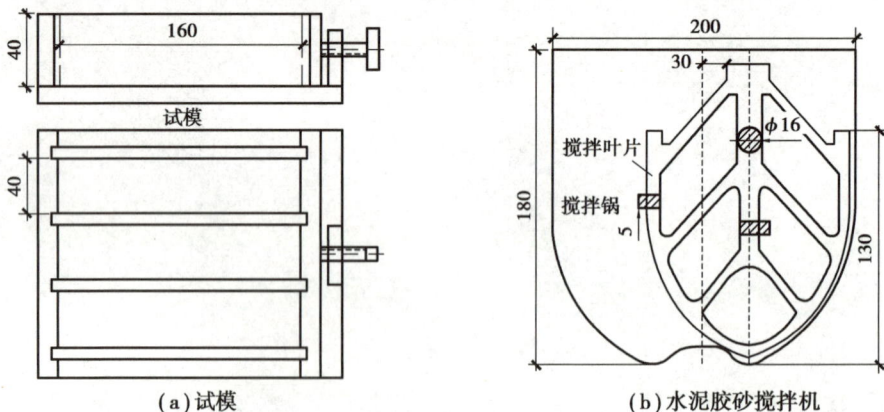

图 2.2 试模与水泥胶砂搅拌机

(6)抗折和抗压夹具:见图 2.3。

(7)其他:胶砂振实台、模套、刮平直尺等。

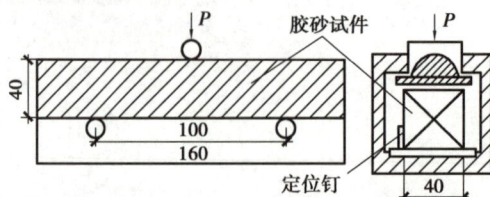

图 2.3 抗折和抗压夹具示意图

2.4.4　试验方法与步骤

（1）试验前准备

①将试模擦净，紧密装配，内壁均匀地刷一层薄机油。

②每成型 3 条试件需称量水泥（450±2）g，标准砂（135±5）g。

③矿渣硅酸盐水泥、火山灰质水泥、粉煤灰硅酸盐水泥、复合硅酸盐水泥和掺火山灰质混合材的普通硅酸盐水泥：用水量按水灰比为 0.5 和胶砂流动度不小于 180 mm 来确定，当流动度小于 180 mm 时，以增加 0.01 倍数的水灰比调整胶砂流动度至不小于 180 mm。

硅酸盐水泥和掺其他混合料的普通硅酸盐水泥：水灰比为 0.5，拌和用水量为（225±1）mL 或（225±1）g。

（2）试件成型

①把水加入锅内，再加入水泥，把锅固定后立即开动机器。低速搅拌 30 s 后，在第二个 30 s 开始的同时均匀地将砂加入，再高速搅拌 30 s。停拌 90 s，在停拌的第一个 15 s 内将叶片和锅壁上的胶砂刮入锅中间，再高速搅拌 60 s。

②把试模和模套固定在振实台上，将搅拌锅中的胶砂分两层装入试模。装第一层时每个槽内放约 300 g 胶砂，用大播料器垂直架在模套顶部沿每个模槽来回一次将料层播平，接着振实 60 次。再装入第二层胶砂，用小播平器播平，再振实 60 次。

③从振实台上取下试模，用一金属直尺以近 90°的角度从试模一端沿长度方向以横向锯割动作慢慢地将超过试模部分的胶砂刮去，并用直尺以近乎水平的角度将试体表面抹平。

④在试模上做标记或加字条表明试件编号和试件相对于振实台的位置。

（3）养护

①将试模水平地放入养护室或养护箱，养护 20～24 h 后取出脱模。

②脱模后立即放入水槽中养护，养护水温为（20±1）℃，养护至规定龄期。

（4）强度试验

①龄期

各龄期的试件必须在下列时间内进行强度试验：24 h±15 min，48 h±30 min，72 h±45 min，7 d±2 h，>28 d±8 h。试件从水中取出后，在强度试验前应用湿布覆盖。

各龄期的试件必须在 3 d±45 min、28 d±2 h 内进行强度测定。

②抗折强度测定

各龄期取出 3 个试件，先做抗折强度测定，测定前须擦去试件表面的水分和砂粒，清除夹具上圆柱表面黏着的杂物，以试件侧面与圆柱接触方向放入抗折夹具内。开动抗折机以（50±10）N/s 速度加荷，直至试件折断，记录破坏荷载 F_f（N）。按式（2.5）计算抗折强度 R_f，精确至 0.1 MPa。

$$R_f = \frac{3}{2} \frac{F_f L}{bh^2} = 0.002\ 34 F_f \tag{2.5}$$

式中：R_f——折断时的破坏荷载，N；

　　　L——支撑圆柱中心距离为 100 mm；

　　　b、h——试件断面宽及高均为 40 mm。

抗折强度结果取 3 个试件抗折强度的算术平均值,精确至 0.1 MPa。当 3 个强度值中有 1 个超过平均值的±10%时,应予剔除,取其余 2 个的平均值;如有 2 个强度值超过平均值的±10%时,应重做试验。

③抗压强度测定

取抗折试验后的 6 个断块进行抗压试验,抗压强度测定采用抗压夹具,试体受压面为 40 mm×40 mm,试验前应清除试体受压面与加压板之间的砂粒或杂物。试验时,以试体的侧面作为受压面。开动试验机,以(2 400±200)N/s 的速度均匀地加荷至破坏。记录破坏荷载F_c(N)。按式(2.6)计算抗压强度R_c,精确至 0.1 MPa。

$$R_c = \frac{F_c}{A} \tag{2.6}$$

式中:R_c——抗压强度,MPa;

F_c——破坏时的最大荷载,N;

A——受压面积,即 40 mm×40 mm = 1 600 mm^2。

抗压强度结果取 6 个试件抗压强度的算术平均值,精确至 0.1 MPa。如 6 个测定值中有 1 个超出平均值的±10%,就应剔除这个结果,而以剩下 5 个的平均值作为结果,如果 5 个测定值中再有超过它们平均数的±10%的,则此组结果作废。

2.4.5　试验数据整理

各品种水泥强度要求见表 2.1,不同龄期的抗压强度和抗折强度需同时满足,否则不合格。

表 2.1　水泥强度要求

水泥品种	强度等级	抗压强度(MPa)≥		抗折强度(MPa)≥	
		3 d	28 d	3 d	28 d
硅酸盐水泥	42.5	17.0	42.5	3.5	6.5
	42.5R	22.0		4.0	
	52.5	23.0	52.5	4.0	7.0
	52.5R	27.0		5.0	
	62.5	28.0	62.5	5.0	8.0
	62.5R	32.0		5.5	
普通硅酸盐水泥	42.5	17.0	42.5	3.5	6.5
	42.5R	22.0		4.0	
	52.5	23.0	52.5	4.0	7.0
	52.5R	27.0		5.0	

续表

水泥品种	强度等级	抗压强度（MPa）≥		抗折强度（MPa）≥	
		3 d	28 d	3 d	28 d
矿物硅酸盐水泥、火山灰硅酸盐水泥、粉煤灰硅酸盐水泥、复合硅酸盐水泥	32.5	10.0	32.5	2.5	5.5
	32.5R	15.0		3.5	
	42.5	15.0	42.5	3.5	6.5
	42.5R	19.0		4.0	
	52.5	21.0	52.5	4.0	7.0
	52.5R	23.0		4.5	

2.4.6　试验记录

班级　　　组别　　　姓名　　　　学号　　　　　　　　　　　　　年　月　日

试验题目			2.4　水泥胶砂强度检验						成　绩	
试验目的										
主要仪器										

试验编号	试件龄期/d	抗折强度					试验编号	抗压强度				水泥强度等级
		破坏荷载 F_f/N	支点间距 L/mm	正方形截面边长 b/mm	抗折强度 R_f/MPa			破坏荷载 F_c/N	受压面积 /mm²	抗压强度 R_c/MPa		
					单值	均值				单值	均值	
1							1					
							2					
2							3					
							4					
3							5					
							6					

试验总结：

2.4.7　思考题

（1）试解释水灰比的含义。

（2）抗折强度测定时应注意什么？

（3）水泥强度等级 42.5 的含义是什么？

2.5　水泥细度测定

2.5.1　试验目的

细度是指水泥颗粒的粗细程度,可以用筛余百分数、比表面积表示。水泥越细,比表面积越大,标准稠度用水量越大,水化反应速度越快,水化放热速率变大,凝结时间变短,早期强度显著提高,同时硬化后干缩率增加。

水泥细度测定通常采用筛析法(筛余率)或勃氏法(比表面积)。通过水泥细度的测定,保证水泥的水化活性,从而控制水泥质量。

2.5.2　试验依据

试验参照《水泥标准筛和筛析仪》(JC/T 728—2005)、《金属丝编织网试验筛》(GB/T 6003.1—1997)、《水泥取样方法》(GB/T 12573—2008)、《水泥细度检验方法筛析法》(GB/T 1345—2005)、《水泥比表面积测定方法勃氏法》(GB/T 8074—2008)、《水泥密度测定方法》(GB/T 208—2014)。

2.5.3　试验方法与步骤

1.筛析法

1)负压筛析法

(1)主要试验设备

①负压筛:方孔,80 μm 或 45 μm,见图 2.4。

②负压筛析仪:功率大于 300 W,筛座转速(30±2)r/min,负压可调范围在 4 000 ~ 6 000 Pa,喷嘴上口与筛网距离 2 ~ 8 mm。

③筛座,见图 2.5。

④天平:精度为 0.01 g。

⑤铝罐、料勺等。

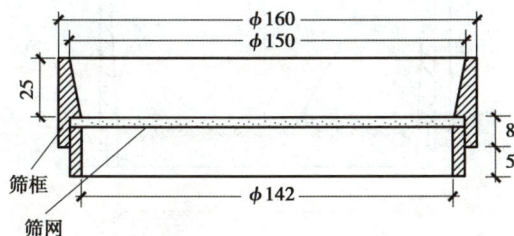

图 2.4　负压筛

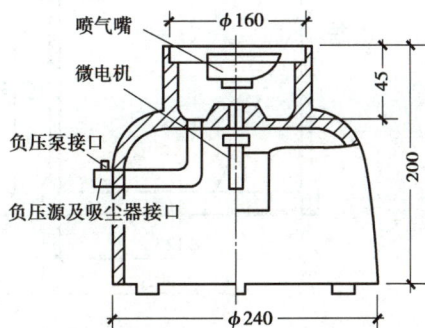

图 2.5　筛座

（2）试验操作

①筛析试验前,应把负压筛装在筛座上,盖上筛盖,接通电源,检查控制系统,调节负压在 4 000 ~ 6 000 Pa。

②称取试样 25 g(W),置于洁净的负压筛中,盖上筛盖,放在筛座上,开动筛析仪连续筛析 2 min。在此期间如有试样附着在筛盖上,可轻轻敲击,使试样落下。筛毕,用天平称量筛余物。

2）水筛法

（1）主要试验设备

①水筛:方孔,80 μm 或 45 μm,见图 2.6。

②天平:精确至 0.01 g。

③烘箱:控制在（105±5）℃。

④筛座、喷头等。

（2）试验操作

①筛析试验前应检查水中无泥、砂,调整好水压及水筛架位置,使其能正常运转,喷头底面和筛网之间距离为 35 ~ 75 mm。

②称取水泥试样 50 g(W),置于洁净的水筛中,立即用洁净水冲洗至大部分细粉通过,再将筛子置于筛座上,用水压为（0.05±0.02）MPa 的喷头连续冲洗 3 min。

③筛毕取下,将筛余物冲至一边,用少量水把筛余物全部移至蒸发皿（或烘样盘）中,等水泥颗粒全部沉淀后将水倒出,置于（105±5）℃的烘箱中烘干,称其筛余物质量（R_s）,精确至 0.01 g。

3）手工干筛法

（1）主要试验设备

①手工筛:方孔,孔径为 80 μm 或 45 μm,见图 2.7。

②天平:精确至 0.01 g。

③烘箱:控制在（105±5）℃

④铝罐、料勺等。

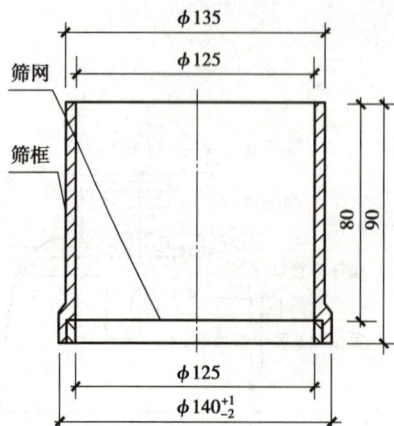

图 2.6 水筛

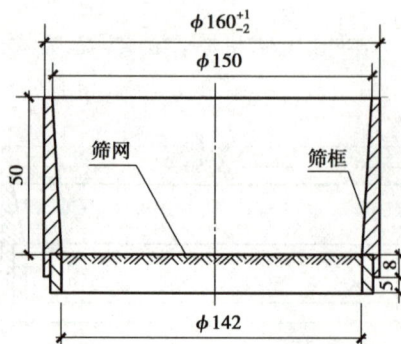

图 2.7 手工筛

（2）试验操作

称取烘干试样 50 g（W）倒入筛内，一手执筛往复摇动，另一手轻轻拍打，拍打速度约为 120 次/min，其间每 40 次向同一方向转动 60°，使试样均匀分布在筛网上，直至每分钟通过量不超过 0.05 g 时为止，称取筛余物质量 R_s，精确至 0.01 g。

4）试验结果计算与评定

按式（2.7）计算水泥筛余 F，精确至 0.1%。

$$F = \frac{R_s}{W} \times 100\% \times C \qquad (2.7)$$

$$C = \frac{F_s}{F_\tau} \qquad (2.8)$$

式中：W——水泥试样的质量，g；

$\quad\quad R_s$——水泥试样筛余物的质量，g；

$\quad\quad C$——试验筛修正系数，精确至 0.01，应在 0.80～1.20；

$\quad\quad F_s$——标准样品的筛余标准值，精确至 0.1%；

$\quad\quad F_\tau$——标准样品的筛余实测值，精确至 0.1%。

筛析结果取两个平行试样筛余的算术平均值。两次结果之差超过 0.5% 时（筛余大于 5.0% 时可放至 1.0%）再做试验，取两次相近结果的算术平均值。

注：负压筛法与水筛法或手工筛法测定的结果发生争议时，以负压筛法为准。

水泥细度筛余要求见表 2.2。

表 2.2　水泥细度筛余要求

项　　目		矿渣硅酸盐水泥	火山灰质水泥	粉煤灰硅酸盐水泥	复合硅酸盐水泥
筛余（%）≤	孔径 80 μm	10	10	10	10
	孔径 45 μm	30	30	30	30

2. 勃氏法

（1）主要试验设备

①勃氏比表面积透气仪：见图 2.8。

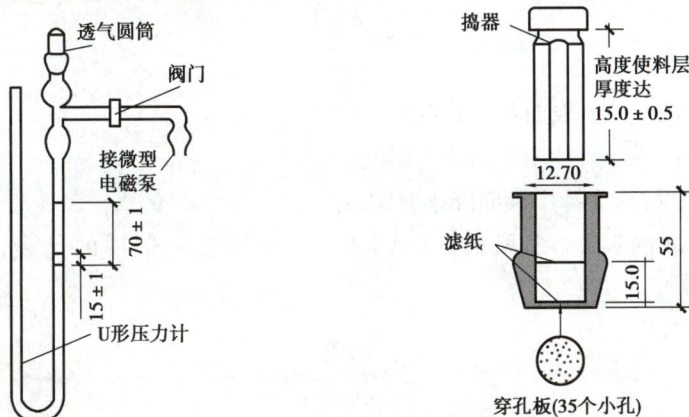

图 2.8　勃氏比表面积透气仪示意图

②天平:精确至0.001 g。

③烘箱:控制在(105±5)℃。

④秒表、铝罐、料勺等。

(2)试验前准备

水泥试样过0.9 mm方孔筛,在(105±5)℃的烘箱中烘1 h后,置于干燥器中冷却至室温待用。

(3)试验操作

①按照密度试验方法测试水泥的密度。

②检查仪器是否漏气。

③P Ⅰ、P Ⅱ型水泥的空隙率采用0.500±0.005,其他水泥或粉料的空隙率采用0.530±0.005。

④按式(2.9)计算需要的试样质量m。

$$m = \rho_{水泥} V(1-\varepsilon) \tag{2.9}$$

式中:V——试料层的体积,按标定方法测定,m³;

　　ε——试料层的空隙率。

⑤将穿孔板放入透气筒内,用捣棒把一片滤纸送到穿孔板上,边缘放平并压紧。称取试样质量m,精确至0.001 g,倒入圆筒。轻敲筒边使水泥层表面平坦。再放入一片滤纸,用捣器均匀地捣实试料,至捣器的支持环紧紧接触筒顶边并旋转1～2圈,取出捣器。

⑥把装有试料层的透气圆筒连接到压力计上,保证连接紧密不漏气,并不得振动试料层。

⑦打开微型电磁泵从压力计中抽气,至压力计内液面上升到扩大部下端,关闭阀门。当压力计内液体的凹面下降到第一个刻线时开始计时,液体的凹面下降到第二条刻线时停止计时,记录所需时间t,精确到至少0.5 s,并记录温度。

(4)试验结果计算与评定

①当被测试样密度、试料层中空隙率与标准试样相同时:

a.试验和校准的温差≤3 ℃时,按式(2.10)计算被测试样的比表面积S,精确至1 cm²/g。

$$S = \frac{S_s \sqrt{T}}{\sqrt{T_s}} \tag{2.10}$$

式中:S_s——标准试样的比表面积,cm²/g;

　　T_s——标准试样压力计中液面降落时间,s;

　　T——被测试样压力计中液面降落时间,s。

b.试验和校准的温差>3 ℃时,按式(2.11)计算被测试样的比表面积S,精确至1 cm²/g。

$$S = \frac{S_s \sqrt{\eta_s} \sqrt{T}}{\sqrt{\eta} \sqrt{T_s}} \tag{2.11}$$

式中:η_s——标准试样试验温度时的空气黏度,μPa·s;

η——被测试样试验温度时的空气黏度,$\mu Pa \cdot s$。

②当被测试样和标准试样的密度相同,试料层中空隙率不同时:

a.试验和校准的温差≤3 ℃时,按式(2.12)计算被测试样的比表面积 S,精确至 1 cm^2/g。

$$S = \frac{S_s \sqrt{T}(1-\varepsilon)\sqrt{\varepsilon^3}}{\sqrt{T_s}(1-\varepsilon)\sqrt{\varepsilon_s^3}} \tag{2.12}$$

式中:ε_s——标准试样试料层的空隙率;

ε——被测试样试料层的空隙率。

b.试验和校准的温差>3 ℃时,按式(2.13)计算被测试样的比表面积 S,精确至 1 cm^2/g。

$$S = \frac{S_s \sqrt{\eta_s}\sqrt{T}(1-\varepsilon_s)\sqrt{\varepsilon^3}}{\sqrt{\eta}\sqrt{T_s}(1-\varepsilon)\sqrt{\varepsilon_s^3}} \tag{2.13}$$

③当被测试样和标准试样的密度和试料层中空隙率均不同时:

a.试验和校准的温差≤3 ℃时,按式(2.14)计算被测试样的比表面积 S,精确至 1 cm^2/g。

$$S = \frac{S_s \rho_s \sqrt{T(1-\varepsilon_s)}\sqrt{\varepsilon^3}}{\rho\sqrt{T_s}(1-\varepsilon)\sqrt{\varepsilon_s^3}} \tag{2.14}$$

式中:ρ_s——标准试样的密度,kg/m^3;

ρ——被测试样的密度,kg/m^3。

b.试验和校准的温差>3 ℃时,按式(2.15)计算被测试样的比表面积 S,精确至 1 cm^2/g。

$$S = \frac{S_s \rho_s \sqrt{\rho}\sqrt{T(1-\varepsilon_s)}\sqrt{\varepsilon^3}}{\rho\sqrt{\rho}\sqrt{T_s}(1-\varepsilon)\sqrt{\varepsilon_s^3}} \tag{2.15}$$

水泥比表面积取两个平行试样试验结果的算术平均值,精确至 1.0 cm^2/g,如两次试验结果相差 2%以上时,应重新试验。

水泥细度比表面积要求见表 2.3。

表 2.3　水泥细度比表面积

项　目	硅酸盐水泥	普通硅酸盐水泥
比表面积(m^2/kg)≥	300	300

2.5.4 试验记录

班级　　　组别　　　姓名　　　学号　　　　　　　　　　年　　月　　日

试验题目	2.5 水泥细度测定		成　绩	
试验目的				
主要仪器				
试验编号	筛析用试样质量/g	0.08 mm 筛余质量/g	筛余百分率	
①	②	③	④＝100%×③/②	
1				
2				

试验总结：

2.5.5 思考题

(1)水泥细度的表示方法有哪些?

(2)简述勃氏比表面积透气仪的基本原理。

2.6 水泥标准稠度用水量测定

水泥标准稠度
用水量测定

2.6.1 试验目的与适用范围

（1）试验目的：测定水泥标准稠度用水量，为凝结时间和安定性试验提供标准稠度的净浆。

（2）适用范围：适用于硅酸盐水泥、普通硅酸盐水泥、矿渣硅酸盐水泥、粉煤灰硅酸盐水泥、火山灰硅酸盐水泥、复合硅酸盐水泥、道路硅酸盐水泥及指定采用本方法的其他品种水泥。

2.6.2 试验依据

试验依据《水泥标准稠度用水量、凝结时间、安定性检验方法》（GB/T 1346—2011）。

2.6.3 试验方法与步骤

1）标准法

（1）主要试验设备

①标准稠度仪：滑动部分的总质量为（300±1）g，见图 2.9。

②标准稠度仪试杆和装净浆用试模：见图 2.10。

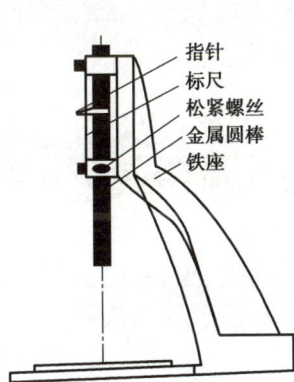

图 2.9 标准稠度仪

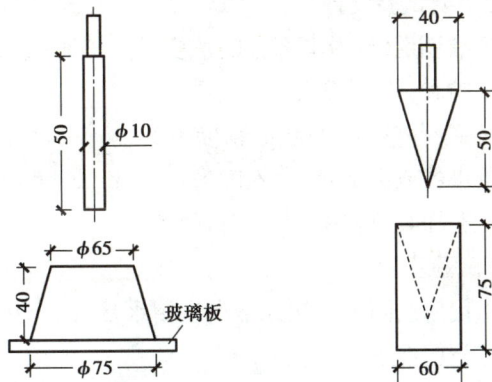

图 2.10 标准稠度仪试杆和装净浆用试模

③天平：称量为 1 000 g，精度为 1 g。

④量水器或天平：精度为±0.5 mL；或称量为 500 g，精度为 0.1 g。

⑤水泥净浆搅拌机、小刀、料勺等。

（2）试验步骤

①试验前准备

试验前需检查稠度仪的金属棒能否自由滑动，调整指针至试杆接触玻璃板时，指针应对准标尺的零点,搅拌机运转正常。

②试验操作

a.用湿布擦抹水泥净浆搅拌机的筒壁及叶片。

b.称取500 g水泥试样。

c.量取拌和水(根据经验确定),水量精确至0.1 mL或0.1 g,倒入搅拌锅。

d.5~10 s内将水泥加入水中。

e.将搅拌锅放到搅拌机锅座上,升至搅拌位置,开动机器慢速搅拌120 s,停拌15 s,快速搅拌120 s后停机。

f.拌和完毕后将净浆装入玻璃板上的试模中,用小刀插捣并轻轻振动数次,刮去多余净浆,抹平后迅速将其放到稠度仪上,将试杆恰好降至净浆表面,拧紧螺丝,1~2 s后突然放松,让试杆自由地沉入净浆中,试杆停止下沉或释放试杆30 s时,记录试杆与玻璃板的距离。整个操作过程应在搅拌1.5 min内完成。

g.调整用水量大小,至试杆沉入净浆距玻璃板(6±1)mm,此时的水泥净浆为标准稠度净浆,拌和用水量为水泥的标准稠度用水量(按水泥质量的百分比计)。

(3)试验结果的计算与确定

按式(2.16)计算水泥标准稠度用水量P,精确至0.1%。

$$P = \frac{m_w}{m_e} \times 100\% \qquad (2.16)$$

式中:m_w——拌和用水量,g;

m_e——水泥用量,g。

2)代用法

(1)主要试验设备

①标准稠度仪:滑动部分的总质量为(300±1)g,见图2.9。

②试锥和装净浆用锥模:见图2.10。

③天平:称量为1 000 g,精度为1g。

④量水器或天平:最小刻度为0.1 mL,精度为1%;或称量为500 g,精度为0.1 g。

⑤水泥净浆搅拌机、小刀、料勺等。

(2)试验步骤

采用代用法测定水泥标准稠度用水量可用调整用水量法和固定用水量法。

①试验前准备

试验前必须检查测定仪的金属棒能否自由滑动,试锥降至锥模顶面位置时,指针应对准标尺的零点,搅拌机运转正常。

②试验操作

a.水泥净浆的拌制同标准法。

b.拌和用水量m_w的确定。

调整用水量方法:按经验根据试锥沉入深度确定。

固定用水量方法:用水量为142.5 mL或142.5 g,水量精确至0.1 mL或0.1 g。

c.拌和结束后,立即将拌制好的水泥净浆装入锥模中,用宽约25 mm的直边刀在浆体表面轻轻插捣 5 次,再轻振 5 次,刮去多余的净浆。抹平后迅速将其放到试锥下固定位置,将试锥锥尖恰好降至净浆表面,拧紧螺丝 1~2 s 后突然放松,让试锥自由地沉入净浆中,试锥停止下沉或释放试锥 30 s 后,记录试锥下沉深度 S。整个操作过程应在搅拌后 1.5 min 内完成。

(3)试验结果的计算与确定

①调整用水量方法

a. 调整用水量大小,使试锥下沉深度为(30±1)mm 时的水泥净浆为标准稠度净浆,拌和用水量即为水泥的标准稠度用水量(按水泥质量的百分比计)。

b. 按式(2.17)计算水泥标准稠度用水量 P,精确至 0.1%。

$$P = \frac{m_w}{m_e} \times 100\% \tag{2.17}$$

②固定用水量方法

根据测得的试锥下沉深度 S(mm),按经验公式(2.18)计算水泥标准稠度用水量 P,精确至 0.1%。

$$P = 33.4 - 0.18S \tag{2.18}$$

注:若试锥下沉深度小于 13 mm,则应采用调整用水量方法测定。

2.6.4　试验记录

班级　　　　组别　　　　姓名　　　　学号　　　　　　　　　　　年　　月　　日

试验题目	2.6~2.8　水泥标准稠度用水量、净浆凝结时间和体积安定性试验				成绩	
试验目的						
主要仪器						
标准法试验						
试验编号	标准稠度用水量试验		凝结时间试验		安定性试验	
	拌和用水量/g	标准稠度用水量/%	初凝时间/min	终凝时间/min	雷氏夹沸煮后两试件指针尖端增加距离/mm	
1						
2						

试验总结:

2.6.5　思考题

(1)为什么要测定水泥标准稠度用水量?

(2)标准稠度仪使用前需要检查哪些内容?

2.7　水泥净浆凝结时间测定试验

2.7.1　试验目的

水泥凝结时间是指水泥从加水开始,到水泥浆失去塑性所需的时间。水泥凝结时间可分为初凝时间和终凝时间,初凝时间是指从水泥加水到水泥浆开始失去塑性的时间;终凝时间是指从水泥加水到水泥浆完全失去塑性的时间。

水泥的凝结时间对混凝土和砂浆的施工有重要的意义。初凝时间不宜过短,以便施工时有足够的时间来完成混凝土和砂浆拌合物的运输、浇捣或砌筑等操作;终凝时间不宜过长,促使混凝土和砂浆在浇捣或砌筑完毕后能尽快凝结硬化,以利于下一道工序及早进行。

水泥凝结时间的测定,是以标准稠度水泥净浆在规定温度和湿度条件下进行。通过凝结时间的试验,可评定水泥的凝结硬化性能,判定是否达到标准要求。

2.7.2　试验依据

试验依据《水泥标准稠度用水量、凝结时间、安定性检验方法》(GB/T 1346—2011)。

2.7.3　主要试验设备

(1)凝结时间测定仪:即标准稠度仪主体部分,见图2.11(a)。

　　试针和试模:见图2.11(b)、(c)。

(2)天平、净浆搅拌机等。

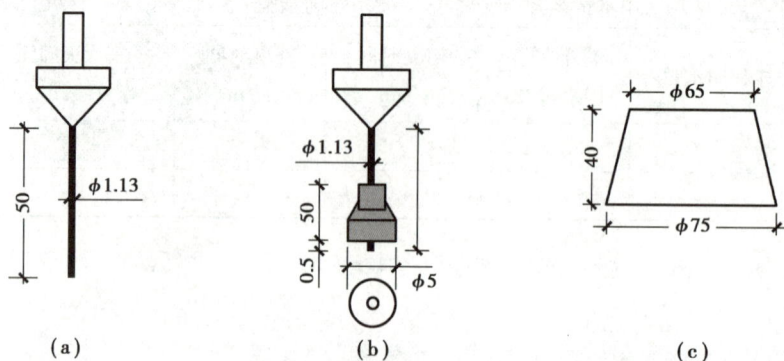

图2.11　初凝和终凝试针

2.7.4　试验前准备

将圆模放在玻璃板上,在模内侧稍涂一层机油,调整指针,使初凝试针接触玻璃板时指针对准标尺的零点。

2.7.5　试验步骤

将标准稠度水泥净浆装入圆模,振动数次后刮平,放入标准养护箱内,记录水泥全部加入水中的时间作为凝结时间的起始时间。

(1)初凝时间测定

在加水后 30 min 时进行第一次测定。测定时,从养护箱中取出试模,放到初凝试针下使试针与净浆面接触,拧紧螺丝,1~2 s 后再突然放松,试针自由垂直地沉入净浆,记录试针停止下沉或释放试针 30 s 时指针的读数。当试针下沉至距离底板(4±1)mm 时,水泥达到初凝状态。

(2)终凝时间测定

测定时,试针更换成终凝试针。完成初凝时间测定后,立即将试模和浆体翻转 180°,直径小端向下放在玻璃板上,再放入养护箱中继续养护。当试针沉入浆体 0.5 mm,且在浆体上不留环形附件的痕迹时,水泥达到终凝状态。

2.7.6　试验结果的计算与评定

(1)初凝时间

自水泥全部加入水中时起,至初凝试针沉入净浆中距离底板(4±1)mm 时所需时间。

(2)终凝时间

自水泥全部加入水中时起,至终凝试针沉入净浆中 0.5 mm,且不留环形痕迹时所需的时间。

(3)水泥凝结时间

要求见表 2.4,若凝结时间不合格,则该水泥为不合格品。

表 2.4　水泥凝结时间要求

项　目		硅酸盐水泥	普通硅酸盐水泥	矿渣硅酸盐水泥	火山灰质水泥	粉煤灰硅酸盐水泥	复合硅酸盐水泥
凝结时间/min	初凝≥	45	45	45	45	45	45
	终凝≤	390	600	600	600	600	600

2.7.7　试验记录

班级　　　组别　　　姓名　　　学号　　　　　　　　　　　年　月　日

试验题目	2.6~2.8　水泥标准稠度用水量、净浆凝结时间和体积安定性试验	成　绩	
试验目的			
主要仪器			
标准法试验			

续表

试验次数	标准稠度用水量试验		凝结时间试验		安定性试验
	拌和用水量/g	标准稠度用水量/%	初凝时间/min	终凝时间/min	雷氏夹沸煮后两试件指针尖端增加距离/mm
1					
2					

试验总结：

2.7.8　思考题

（1）如何判断水泥的初凝时间和终凝时间？

（2）影响水泥凝结时间的因素主要有哪些？

2.8 水泥体积安定性检验

安定性试验方法有雷氏夹法（标准法）和试饼法（代用法），当试验结果有争议时以雷氏夹法为准。

2.8.1 试验目的

安定性是指水泥浆体硬化后体积变化的均匀性。若水泥硬化后体积变化不稳定，即安定性不良，会导致混凝土膨胀破坏，造成严重的工程质量事故。

安定性不良的原因有：熟料煅烧不完全而存在游离 CaO 与 MgO、生产水泥时加入过多的石膏。沸煮法可检验游离 CaO 导致的水泥安定性不良，压蒸法可检验游离 MgO 导致的水泥安定性不良，而石膏造成的水泥安定性不良需经长期浸在常温水中才能发现，不便于检验，所以国家标准对水泥中的 SO_3 含量做了限制。

通过安定性试验，可检验水泥硬化后体积变化的均匀性，以控制因安定性不良而引起的工程质量事故。

2.8.2 试验依据

试验依据《水泥标准稠度用水量、凝结时间、安定性检验方法》（GB/T 1346—2011）。

2.8.3 主要试验设备

（1）沸煮箱：能在（30±5）min 将箱内水由室温升至沸腾状态并保持 3 h 以上。

（2）雷氏夹：见图 2.12。

（3）雷氏夹膨胀值测量仪、水泥净浆搅拌机、玻璃板等。

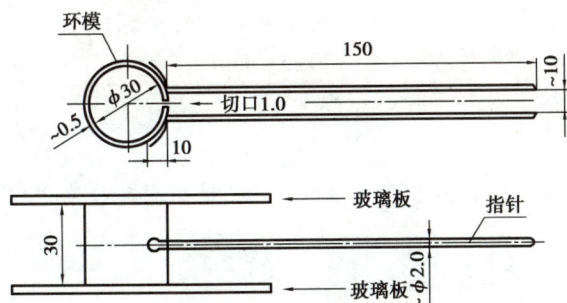

图 2.12 雷氏夹示意图（单位：mm）

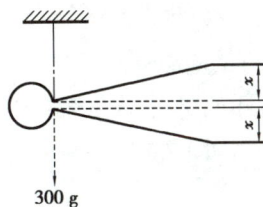

图 2.13 雷氏夹受力示意图

2.8.4　试验方法与步骤

1）雷氏夹法

（1）试验步骤

①用标准稠度用水量拌制成水泥净浆，然后制作试件。

②把内表涂油的雷氏夹放在稍涂油的玻璃板上，将标准稠度净浆装满雷氏夹，一只手轻扶雷氏夹，另一只手用宽约 25 mm 的直边刀插捣 3 次，然后抹平，盖上另一稍涂油的玻璃板，移至标准养护箱内养护（24±2）h。

③调整好沸煮箱的水位，使之能在整个沸煮过程中都没过试件。

④脱去玻璃板，取下试件，测量试件指针头端间的距离 A，精确到 0.5 mm。再将试件放入水中试件架上，指针朝上，在（30±5）min 内加热至沸，并恒沸（180±5）min。

⑤煮毕，将水放出，待箱内温度冷却至室温时取出检查。

⑥测量煮后试件指针头端间的距离 C，精确至 0.5 mm。

（2）试验结果的计算与评定

①雷氏夹法试验结果以沸煮前后试件指针头端间的距离之差（$C-A$）表示。

②雷氏夹法试验结果取两个平行试样试验结果的算术平均值。如两次试验结果相差大于 4 mm，则应重新试验。

③距离之差（$C-A$）小于等于 5.0 mm 时，即安定性合格，反之不合格。安定性不合格的水泥为不合格品。

2）试饼法

（1）试验步骤

①用标准稠度用水量拌制成水泥净浆，然后制作试件。

②取标准稠度水泥净浆约 150 g，分成两等份，制成球形，放在涂过油的玻璃板上，轻振玻璃板，并用湿布擦过的小刀由边缘向饼的中央抹动，制成直径为 70~80 mm，中心厚约 10 mm，边缘渐薄，表面光滑的试饼，放入标准养护箱内养护（24±2）h。

③调整好沸煮箱的水位，使之能在整个沸煮过程中都没过试件。

④脱去玻璃板，取下试件，检查试饼是否完整，在试饼无缺陷的情况下，将试饼置于沸煮箱内水中的宽板上，在（30±5）min 内加热至沸，并恒沸（180±5）min。

⑤煮毕，将水放出，待箱内温度冷却至室温时取出检查。

（2）试验结果的评定

目测试饼，若未发现裂缝，且用钢直尺检查也没有弯曲时，则水泥安定性合格，反之为不合格。当两个试饼判别结果有矛盾时，为安定性不合格。安定性不合格的水泥为不合格品。

2.8.5　试验记录

班级　　　组别　　　姓名　　　学号　　　　　　　　　年　　月　　日

试验题目	2.6～2.8　水泥标准稠度用水量、净浆凝结时间和体积安定性试验				成　绩	
试验目的						
主要仪器						

标准法试验					

试验编号	标准稠度用水量试验		凝结时间试验		安定性试验
	拌和用水量/g	标准稠度用水量/%	初凝时间/min	终凝时间/min	雷氏夹沸煮后两试件指针尖端增加距离/mm
1					
2					

试验总结：

2.8.6　思考题

(1)什么是水泥的体积安定性？安定性不良会有什么影响？

(2)简述雷氏夹法的基本原理。

第3章

水泥混凝土和砂浆试验

3.1 水泥混凝土试件制作及拌合物坍落度与表观密度试验

3.1.1 水泥混凝土拌合物试验拌和方法

1）试验目的

混凝土应依据砂、石、水泥等原材料，按目标要求进行配合比设计，获得理论配合比后，再根据砂石的含水率获得实验室配合比，并且在实验室内进行试配，根据拌合物性能进行适当的调整，获得适合工程应用的施工配合比。

通过混凝土的拌和，加强对混凝土配合比设计的实践性认识，掌握普通混凝土拌和拌制方法，为测定混凝土拌合物及硬化后混凝土的性能做准备。

2）试验依据

试验参照《普通混凝土配合比设计规程》(JGJ 55—2011)、《普通混凝土拌合物性能试验方法》(GB/T 50080—2016)。

3）一般规定

①拌制混凝土环境条件：室内的温度应保持在(20±5)℃，所用材料的温度应与实验室温度保持一致。当需要模拟施工条件下所用的混凝土时，所用原材料的温度应与施工现场保持一致，且搅拌方式宜与施工条件相同。

②砂石材料：若采用干燥状态的砂石，则砂的含水率应小于 0.5%，石的含水率应小于 0.2%。若采用饱和面干状态的砂石，则应进行相应修正。

③搅拌机最小搅拌量：当骨料最大粒径小于 31.5 mm 时，搅拌量为 15 L，最大粒径为 40 mm 时，搅拌量为 25 L。采用机械搅拌时，搅拌量不应小于搅拌机额定搅拌容量的 1/4。

④原材料的称量精度：骨料为 ±1%，水、水泥、外加剂为 ±0.5%。

⑤从试样制备完毕到开始做拌合物各项性能试验不宜超过 5 min。

4）主要试验设备

①磅秤：精度为骨料质量的 ±1%。

台称、天平：精度为水、水泥、掺合料、外加剂质量的 ±0.5%。

②搅拌机、拌和钢板、钢抹子、拌铲等。

5)拌和方法

(1)人工拌和法

①按实验室配合比备料,称取各材料用量。

②将拌板和拌铲用湿布润湿后,将砂倒在拌板上,加入水泥,用拌铲翻拌,反复翻拌混合至颜色均匀,再放入称好的粗骨料与之拌和,继续翻拌,直至混合均匀。

③将干混合物堆成长条锥形,在中间做一凹槽,倒入称量好的一半水,然后翻拌并徐徐加入剩余的水。边翻拌边用铲在混合料上铲切,直至混合物均匀,没有色差。

④拌和过程力求动作敏捷,拌和时间可按此控制:拌合物体积为 30 L 以下时 4 min;拌合物体积为 30～50 L 时 5～9 min;拌合物体积为 51～75 L 时 9～12 min。

(2)机械搅拌法

①按实验室配合比备料,称取各材料用量。

②拌前宜先用配合比要求的水泥、砂和水及少量石子,在搅拌机中涮膛,倒去多余砂浆。防止正式拌和时水泥浆挂失,影响混凝土性能的测试。

③将称好的石子、水泥、砂按顺序倒入搅拌机内,开启搅拌机,进行干拌。时间可控制在 1 min 左右。

④边拌和边将水徐徐倒入,加水时间在 20 s 左右。

⑤加水完成后继续拌和 2 min。

⑥将拌合物从搅拌机中卸出,倾倒在拌板上,再人工拌和 2～3 次。

(3)特殊要求搅拌方法

当对混凝土搅拌有特殊要求时,应遵循相关的规定,如:由于材料的特殊性,可能要求搅拌时间延长或缩短;掺外加剂混凝土性能试验时,要求使用自落式搅拌机等。

3.1.2　稠度试验(坍落度法)

1)试验目的

测定混凝土的坍落度,评定塑性混凝土的和易性。

2)试验依据

试验参照《普通混凝土拌合物性能试验方法标准》(GB/T 50080—2016)、《混凝土坍落度仪》(JG/T 248—2009)。

3)主要试验设备

(1)坍落度筒、捣棒:见图 3.1。

(2)小铲、钢尺、喂料斗等。

4)试验步骤

(1)测定前,用湿布把拌板及坍落度筒内润湿,并在筒顶部加漏斗,放在拌板上,用双脚踩紧脚踏板,固定位置。

(2)取拌好的混凝土分 3 层装入筒内,每层高度在插捣后约为筒高的 1/3,每层用捣棒插捣 25 次,插捣呈螺旋形由外向中心进行,各插捣点均应在截面上均匀分布。插捣底层时捣棒应贯穿整个深度,插捣第二层和顶层时捣棒应插透本层至下一层表面。在插捣顶层时,应随时添加混凝土使其不低于筒口。插捣完毕,移去漏斗,刮去多余混凝土,并用抹刀抹平。

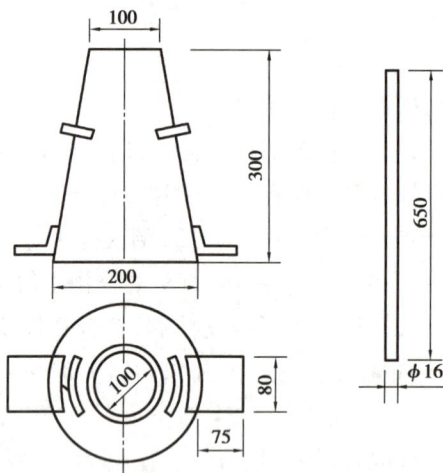

图 3.1　混凝土坍落度筒与捣棒

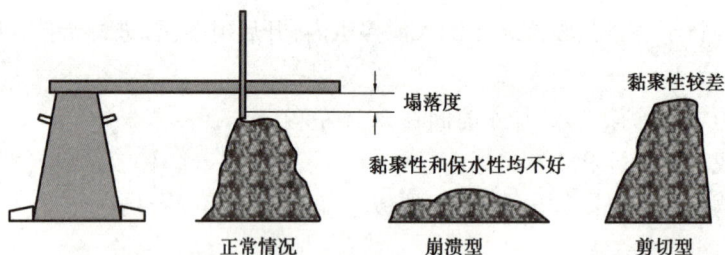

图 3.2　坍落的测量

（3）清除筒边底板上的混凝土后,5 ~ 10 s 内垂直平稳地提起坍落度筒。

（4）用两钢直尺或专用工具测量筒高与坍落后混凝土试体最高点之间的高度差,此值即为坍落度值,精确至 1 mm。

5）试验结果评定

坍落度筒提起后,如拌合物发生崩塌或一边剪切破坏,则应重新取样测定。如仍出现上述现象,则该混凝土拌合物和易性不好,并应记录。坍落度大于 220 mm 时,扩展度值取拌合物扩展后最终的最大值和最小值的平均值,两者差值应小于 50 mm,否则重做。

3.1.3　水泥混凝土拌合物表观密度试验

1）试验目的

混凝土拌合物表观密度是指混凝土拌合物捣实后单位体积的质量,与原材料种类及配合比相关。

通过表观密度试验,可以确定出单方混凝土各项材料的实际用量,避免在工程应用中出现亏方或盈方,也可为混凝土配合比调整提供依据。《普通混凝土配合比设计规程》(JGJ 55—2011) 中明确规定,当表观密度实测值和计算值之差超过 2% 时,应对配合比中各项材料的用量进行修正。

水泥混凝土拌合物表观密度试验

2）试验依据

试验参照《普通混凝土拌合物性能试验方法标准》（GB/T 50080—2016）、《混凝土试验室用振动台》（JG/T 3020—1994）。

3）主要试验设备

①容量筒：骨料最大粒径不大于 40 mm 时，容积为 5 L，高度和直径均为（186±2）mm，骨料最大粒径大于 40 mm 时，高度和直径应大于最大粒径的 4 倍。

②台称：称量为 50 kg，精度为 50 g。

③小铲、捣棒、振动台等。

4）试验步骤

（1）标定容量筒容积。

①称量出玻璃板和容量筒的质量 m_0，玻璃板能覆盖容量筒的顶面。

②向容量筒注入清水，至略高出筒口。

③用玻璃板从一侧徐徐平推，盖住筒口，玻璃板下应不带气泡。

④擦净外侧水分，称量出玻璃板、筒及水的质量 m_1。

（2）用湿布把容量筒内外擦干，称量出容量筒的质量 m_2。

（3）坍落度小于 70 mm、容量筒体积为 5 L 时：拌合物分 2 层装入，每层由边缘向中心均匀插捣 25 次，并贯穿该层，每层插捣完后用橡皮锤在筒外壁敲打 5~10 次。振动台振实时：拌合物一次加至略高出筒口，振动过程中混凝土低于筒口时应随时添加。

（4）完毕后刮去多余混凝土，并用抹刀抹平。

（5）称出拌合物和筒的质量 m_3。

5）试验数据整理

按式（3.1）计算混凝土拌合物的表观密度，精确至 0.01 g/cm^3：

$$\rho_h = \frac{m_3 - m_2}{m_1 - m_0} \tag{3.1}$$

式中：m_0——玻璃板和容量筒的质量，g；

　　　m_1——玻璃板、筒及水的质量，g；

　　　m_2——容量筒的质量，g；

　　　m_3——拌合物和筒的质量，g。

3.1.4　混凝土试件制作

（1）校紧试模螺钉，在试模内壁涂抹一薄层矿物油脂。

（2）坍落度测定合格的混凝土拌合物装入试模内，将试模放在振动台上，边振动边添料，直至混凝土表面出现乳状水泥浆为止，振动时间一般不超过 90 s。振动结束后，将试模上多余混凝土刮去，用镘刀将试件表面初次抹平，待试件收浆后，再次用镘刀将试件表面仔细抹平，在室温（20±5）℃，相对湿度大于 50% 的条件下，静置 1~2 昼夜后拆模，编号后随即标准养护。标准养护温度（20±3）℃，相对湿度在 90% 以上，养护到规定龄期再进行力学试验。

3.1.5　注意事项

（1）水泥混凝土拌合物表观密度取两次试验结果的算术平均值为测定值。

（2）拌合物表观密度测定所用容积筒的容积应经常校正，其校正方法参照粗集料堆积密度及空隙率试验的校正方法。

（3）坍落度只能表示塑性混凝土混合料的工作性，对低流动性和干硬性混凝土混合物工作性的测定，应采用维勃稠度法。

3.1.6 试验记录

班级　　　　组别　　　　姓名　　　　学号　　　　　　　　　　年　　月　　日

试验题目	3.1a 水泥混凝土拌合物坍落度试验			成　绩	
试验目的					
主要仪器					
试验编号	坍落度 /mm	三级评定			黏聚性
		表观密度 /(g·cm⁻³)	含沙量/%	保水性	
1					
2					
3					
平均值					
修正值					

试验总结：

试验题目	3.1b 水泥混凝土拌合物表观密度试验			成　绩	
试验目的					
主要仪器					
试验编号	容量筒容积 V/mL	容量筒质量 m₂/g	容量筒与拌合物总质量 m₃/g	混凝土拌合物表观密度 ρₕ/(g·cm⁻³)	
				单值	平均值
1					
2					

试验总结：

3.1.7　思考题

(1)测定混凝土的坍落度时应注意哪些问题?

(2)拌合物表观密度测定所用容量筒的容积应如何校正?

3.2 混凝土抗压、抗折、劈裂抗拉强度试验

3.2.1 试验目的

(1)测定混凝土抗压强度,确定混凝土的强度等级,评定混凝土质量。

(2)测定混凝土抗折强度,评定道路混凝土施工质量,同时它是水泥混凝土路面设计的重要指标。

(3)劈裂法测定混凝土抗拉强度,了解混凝土抗拉性能。

3.2.2 试验设备

(1)万能试验机。

(2)劈裂钢垫条,三合板垫层(或纤维板垫层)。

3.2.3 试验步骤

(1)抗压强度试验

①从养护室取出试件,先检查其尺寸及形状,相对两面应平行。量出棱边长度,精确至1 mm。试件受力横截面积按其与压力机上下接触面的平均值计算。在破坏前,保持试件原有湿度,在试验时擦干试件。

②以成形时的侧面为上下受压面,试件中心应与压力机几何中心对中。

③加载:混凝土强度等级小于C30的混凝土取0.3～0.5 MPa/s的加荷速度;强度等级大于等于C30小于C60时,则取0.5～0.8 MPa/s的加荷速度;混凝土强度等级大于等于C60的混凝土取0.8～1.0 MPa/s的加荷速度。当试件接近破坏而开始迅速变形时,应停止调整试验机门,直至试件破坏,记下破坏极限荷载F。

(2)抗折(抗弯拉)强度试验

①从养护室取出试件并检查,试件中部1/3长度内不得有直径超过5 mm,深度超过2 mm的空洞。

②在试件中部量出其宽度和高度,精确至1 mm。

③安放试件,支点距试件端部各50 mm,侧面受载。

④加载:混凝土强度等级低于C30时,以0.02～0.05 MPa/s的速度连续而均匀地加荷;当混凝土强度等级大于等于C30且小于C60时,以0.05～0.08 MPa/s的速度加荷;混凝土强度等级大于等于C60时,以0.08～0.10 MPa/s的速度加荷。当试件接近破坏而开始迅速变形时,不得调整试验机油门,直至试件破坏,记下破坏极限荷载F。

⑤记录最大荷载和试件下边缘断裂的位置。

(3)劈裂抗拉强度试验

①从养护室取出试件并检查。

②测量试件尺寸,精确至 1 mm。

③安放试件,几何对中,放妥垫层垫条,其方向与试件成型时顶面垂直。

④加载:混凝土强度等级低于 C30 时,以 0.02～0.05 MPa/s 的速度连续而均匀地加荷;当混凝土强度等级大于等于 C30 且小于 C60 时,以 0.05～0.08 MPa/s 的速度加荷;混凝土强度等级大于等于 C60 时,以 0.08～0.10 MPa/s 的速度加荷。当试件接近破坏而开始迅速变形时,不得调整试验机油门,直至试件破坏,记下破坏极限荷载 F。

3.2.4　试验数据整理

(1)混凝土立方体试件抗压强度按式(3.2)计算:

$$f_{cu} = \frac{F}{A} \tag{3.2}$$

式中:f_{cu}——混凝土抗压强度,MPa;

　　F——试件破坏荷载,N;

　　A——受压面积,mm^2。

以 3 个试件测值的算术平均值为测定值。3 个测值中的最大值和最小值中如有一个与中间值的差值超过中间值的 15% 时,则把最大值和最小值一并舍除,取中间值为结果;如最大值和最小值与中间值的差值均超过中间值的 15%,则该组试验结果无效。

(2)混凝土抗折(抗弯拉)强度计算

①当断裂面发生在两个加荷点之间时,抗弯拉强度 f_f 按式(3.3)计算:

$$f_f = \frac{FL}{bh^2} \tag{3.3}$$

式中:f_f——抗弯拉强度,MPa;

　　F——极限荷载,N;

　　L——支座间距离,mm;

　　b——试件宽度,mm;

　　h——试件高度,mm。

以 3 个试件测值的算术平均值为测定值。3 个试件中最大值或最小值中如有一个与中间值之差超过中间值的 15%,则把最大值和最小值舍去,以中间值作为试件的抗弯拉强度;如最大值和最小值与中间值之差均超过中间值的 15%,则该组试验结果无效。

②若断裂面位于加荷点外侧,则试件结果无效;如有两根试件的结果无效,则该组结果作废。

(3)混凝土劈裂抗拉强度计算

混凝土劈裂抗拉强度 f_t 按式(3.4)计算,精确至 0.01 MPa:

$$f_t = \frac{2F}{\pi A} \tag{3.4}$$

式中:f_t——混凝土劈裂抗拉强度,MPa;

　　F——试件破坏极限荷载,N;

　　A——试件劈裂面面积,mm^2。

取 3 个试件测值的算术平均值作为该组试件的抗压强度值。若 3 个测值中最大值或最小值中与中间值的差值超过中间值的 15%,则取中间值作为该组混凝土抗压强度值。若两个测值与中间值的差均超过中间值的 15%,则该试件的试验结果无效。

(4)强度换算系数计算

将非标准尺寸试件的强度换算成标准尺寸试件的强度换算系数,如表 3.1、表 3.2、表 3.3 所示。

表 3.1 抗压强度换算系数

试件尺寸/mm	100×100×100	150×150×150	200×200×200
换算系数	0.95	1.00	1.05

表 3.2 抗折(抗弯拉)强度换算系数

试件尺寸/mm	100×100×400	150×150×150
换算系数	0.85	1.00

表 3.3 劈裂抗拉强度换算系数

试件尺寸/mm	100×100×400	150×150×150
换算系数	0.85	1.00

注:劈裂抗拉强度值若需换算为轴心抗拉强度,应乘以换算系数 0.9。

3.2.5 注意事项

(1)当试件接近破坏时,应停止调整油门,直至试件破坏。

(2)试件受力面均为其侧面。

3.2.6 试验记录

班级　　　　组别　　　　姓名　　　　学号　　　　　　　　　　　　年　　月　　日

试验题目		3.2a 混凝土抗压强度试验				成　绩	
试验目的							
主要仪器							
试验编号	制件日期	试验日期	龄期/d	试件尺寸/mm	破坏荷载/kN	抗压强度/MPa	
						单值	平均值

试验总结:

试验题目	3.2b　混凝土抗折(抗弯拉)强度试验								成　绩	
试验目的										
主要仪器										
试验编号	制件日期	龄期/d	设计强度/MPa	试件尺寸/mm	计算跨径/mm	破坏荷载/kN	抗折(抗弯拉)强度/MPa		强度换算系数	换算后抗折(抗弯拉)强度/MPa
							单值	平均值		

试验总结：

试验题目	3.2c　混凝土劈裂抗拉强度试验				成　绩	
试验目的						
主要仪器						
试验编号	混凝土强度等级	试件尺寸/mm	极限荷载/kN	劈裂抗拉强度/MPa	平均值/MPa	
1						
2						
3						

试验总结：

3.2.7　思考题

(1)劈裂抗拉强度主要用来评价混凝土的什么性质?

(2)在进行抗压强度试验时应注意什么问题?

3.3 砂浆稠度和分层度试验

3.3.1 试验目的

(1)砂浆的稠度亦称流动性,用沉入度表示。适用于确定配合比或施工过程中控制砂浆的稠度,以达到控制用水量的目的。

(2)分层度试验适用于测定砂浆拌合物在运输及停放时内部组分的稳定性。

3.3.2 试验设备

(1)砂浆稠度仪:应由试锥、容器和支座3部分组成。试锥应由钢材或铜材制成,试锥高度应为145 mm,锥底直径应为75 mm,试锥连同滑杆的质量应为(300±2)g;盛浆容器应由钢板制成,筒高应为180 mm,锥底内径应为150 mm;支座应包括底座、支架及刻度显示3个部分,应由铸铁、钢或其他金属制成(见图3.3)。

(2)钢制捣棒:直径为10 mm,长度为350 mm,端部磨圆。

(3)秒表。

(4)砂浆分层度筒:内径为150 mm,上节高度为200 mm,下节带底净高为100 mm,用金属板制成,上、下连接处需加宽到3~5 mm,并设有橡胶垫圈(见图3.4)。

(5)水泥胶砂振动台:振幅(0.85±0.05)mm,频率(50±3)Hz。

(6)稠度仪、木锤等。

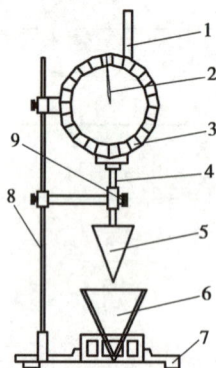

1—销母;2—指针;3—表盘;4—滑杆上端;5—标准试锥体;
6—盛筒;7—底座;8—锥体架;9—试锥固定螺丝

图 3.3 砂浆稠度测定仪

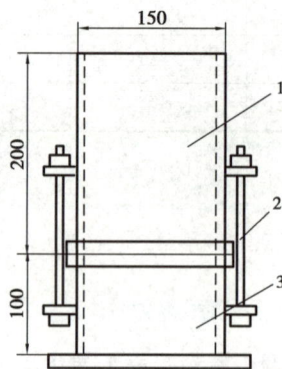

1—无底圆筒;2—连接螺栓;3—有底圆筒

图 3.4 砂浆分层度测定仪

3.3.3 试验步骤

(1)应先采用少量润滑油轻擦滑杆,再将滑杆上多余的油用吸油纸擦净,使滑杆能自由滑动。

（2）应先采用湿布擦净盛浆容器和试锥表面，再将砂浆拌合物一次装入容器。砂浆表面宜低于容器口 10 mm，用捣棒自容器中心向边缘均匀地插捣 25 次，然后轻轻地将容器摇动或敲击 5~6 下，使砂浆表面平整，然后将容器置于稠度测定仪的底座上。

（3）拧开制动螺丝，向下移动滑杆，当试锥尖端与砂浆表面刚接触时，应拧紧制动螺丝，使齿条测杆下端刚接触滑杆上端，并将指针对准零点上。

（4）拧开制动螺丝，同时计时，10 s 时立即拧紧螺丝，将齿条测杆下端接触滑杆上端，从刻度盘上读出下沉深度（精确至 1 mm），即为砂浆的稠度值。

（5）盛浆容器内的砂浆，只允许测定一次稠度，重复测定时，应重新取样测定。

（6）将砂浆拌合物一次装入分层度筒内，待装满后，用木锤在容器周围距离大致相等的 4 个不同地方轻轻敲击 1~2 下，如砂浆沉入到低于筒口，则应随时添加砂浆，然后刮去多余的砂浆并用抹刀抹平。

（7）静置 30 min 后，去掉上节 200 mm 砂浆，剩余的 100 mm 砂浆倒出放在搅拌锅内拌 2 min，再按稠度试验方法测定稠度。前后测得的稠度之差即为该砂浆的分层度值。

3.3.4　结果评定

（1）同盘砂浆应取两次试验结果的算术平均值作为测定值，并应精确至 1 mm。

（2）当两次试验值之差大于 10 mm 时，应重新取样测定。

3.3.5　试验记录

班级　　　组别　　　姓名　　　学号　　　　　　　　　　　　年　　　月　　　日

试验题目	3.3　砂浆稠度和分层度试验			成　绩	
试验目的					
主要仪器					
试验次数	砂浆稠度仪初读数 h_1/mm	砂浆稠度仪末读数 h_2/mm	圆锥下沉时间/s	砂浆稠度/mm	
				单值	平均值
1					
2					
3					
4					
5					
6					
7					
8					

试验总结：

3.3.6　思考题

（1）为什么要控制砂浆的稠度？

（2）简述砂浆分层度测定仪的使用原理。

3.4　水泥砂浆抗压强度试验

3.4.1　试验目的

砂浆抗压强度的检测参照标准《建筑砂浆基本性能试验方法标准》(JGJ/T 70—2009),本方法适用于测定砂浆立方体的抗压强度,以确定砂浆表面抵抗压应力的能力。

3.4.2　试验设备

(1)压力试验机。
(2)试模:70.7 mm×70.7 mm×70.7 mm,有无底试模和有底试模两种。
(3)捣棒。
(4)垫板等。

3.4.3　试验步骤

(1)制作砂浆立方体试件

①制作砌筑吸水底材砂浆试件。将无底试模放在预先铺上吸水性较好的湿纸的普通砖上,砖的吸水率不小于10%,含水率小于2%。试模内壁应事先涂上机油作为隔离剂。然后将拌和好的砂浆一次倒满试模,并用捣棒插捣,当砂浆表面出现麻斑点后(15~30 min),用刮刀将多余砂浆刮去,并抹平。

②制作砌筑不吸水底材砂浆试件。采用有底试模,先将内壁涂上机油,拌和好的砂浆分2层装入,每层插捣12次,然后用刮刀沿试模内壁插捣数次,静置15~30 min后,将多余砂浆刮去,并抹平。

③试模成型后,在(20±5)℃环境下养护(24±2)h即可脱模。

(2)养护

①自然养护。放在室内空气中进行养护,混合砂浆在相对湿度60%~80%,常温条件下养护;水泥砂浆放在常温条件下并保持试件表面处于湿润状态下(如湿砂堆中)养护。

②标准养护。混合砂浆在(20±3)℃,相对湿度为60%~80%的条件下养护;水泥砂浆在(20±3)℃,相对湿度为90%以上的条件下养护。

(3)抗压强度测定

取出经28 d养护的立方体试件,先将试件擦干净,然后将试件放在压力试验机的上下压板之间,开动压力机,连续均匀地加荷(加荷速度为0.5~1.5 kN/s),直至试件破坏,记录破坏荷载 F。

3.4.4　试验数据整理

按式(3.5)计算砂浆的抗压强度 $f_{m,cu}$,精确至0.1 MPa:

$$f_{m,cu} = \frac{F}{A} \tag{3.5}$$

式中：F——试件的破坏荷载，N；

A——试件的受压面积，mm²。

以6个试件测值的算术平均值作为该组试件的抗压强度值，精确至0.1 MPa。当6个试件强度的最大值或最小值与平均值之差超过平均值的20%时，以中间4个试件强度的平均值作为该组试件的抗压强度值。

3.4.5 试验记录

班级　　　组别　　　姓名　　　学号　　　　　　　　　　年　　月　　日

试验题目			3.4　水泥砂浆抗压强度试验				成　绩	
试验目的								
主要仪器								
结构物名称	实际强度（等级）	养护情况	制件日期	试件龄期/d	试件尺寸/mm	破坏荷载/kN	抗压强度/MPa	
							单值	平均值

试验总结：

3.4.6 思考题

（1）试件加载时需要注意的问题有哪些？

（2）如何进行数据处理？

第4章

沥青材料试验

4.1 沥青针入度试验

4.1.1 试验目的与适用范围

本方法适用于测定道路石油沥青、改性沥青以及液体石油沥青蒸馏或乳化沥青蒸发后残留物的针入度。其标准试验条件为温度 25 ℃，荷重 100 g，贯入时间 5 s，针入度以 0.1 mm 计。用本方法评定聚合物改性沥青的改性效果时，仅适用于融混均匀的样品。

针入度指数 PI 用以描述沥青的温度敏感性，宜在 15 ℃、25 ℃、30 ℃等 3 个或 3 个以上温度条件下测定针入度后按规定的方法计算得到，若 30 ℃时的针入度值过大，可采用 5 ℃时的针入度代替。当量软化点 T_{800} 是相当于沥青针入度为 800 时的温度，用以评价沥青的高温稳定性。当量脆点 $T_{1.2}$ 是相当于沥青针入度为 1.2 时的温度，用以评价沥青的低温抗裂性能。

4.1.2 仪器与材料

（1）针入度仪

凡能保证针和针连杆在无明显摩擦下垂直运动，并能指示针贯入深度精确至 0.1 mm 的仪器均可使用。针和针连杆组合件总质量为(50±0.05)g，另附(50±0.05)g 砝码一只，试验时总质量为(100±0.05)g，当采用其他试验条件时，应在试验结果中注明。仪器设有放置平底玻璃保温皿的平台，并有调节水平的装置，针连杆应与平台相垂直。仪器设有针连杆制动按钮，使针连杆可自由下落。针连杆易于装拆，以便检查其质量。仪器还设有可自由转动与调节距离的悬臂，其端部有一面小镜或聚光灯泡，借以观察针尖与试样表面接触情况。当为自动针入度仪时，各项要求与此项相同，温度采用温度传感器测定，针入度值采用位移计测定，并能自动显示或记录，且应对自动装置的精确性经常校验。为提高测试精密度，不同温度的针入度试验宜采用自动针入度仪进行。

（2）标准针

标准针由硬化回火的不锈钢制成，洛氏硬度 HRC 54～60，表面粗糙度 Ra 0.2～0.3 μm，针及针杆总质量(2.5±0.05)g，针杆上应打印有号码标志，针应设有固定用装置盒(筒)，以免碰撞针尖,每根针必须附有计量部门的检验单,并定期进行检验,其尺寸及形状如图4.1所示。

(3)盛样皿:金属制,圆柱形平底。

小盛样皿内径35 mm,深35 mm(适用于针入度小于200);大盛样皿内径70 mm,深45 mm(适用于针入度200~350);对针入度大于350的试样,需使用特殊盛样皿,其深度不小于60 mm,试样体积不少于125 mL。

(4)恒温水槽:容量不少于10 L,控温的精度为0.1 ℃。水槽中应设有一带孔的搁架,位于水面下不得少于100 mm,距水槽底不得少于50 mm 处。

(5)平底玻璃皿:容量不少于1 L,深度不少于80 mm。内设有一不锈钢三脚支架,能使盛样皿稳定。

(6)温度计:量程0~50 ℃,分度为0.1 ℃。

(7)秒表:分度0.1 s。

(8)盛样皿盖:平板玻璃,直径不小于盛样皿开口尺寸。

(9)溶剂:三氯乙烯等。

(10)其他:电炉或砂浴、石棉网、金属锅或瓷把坩埚等。

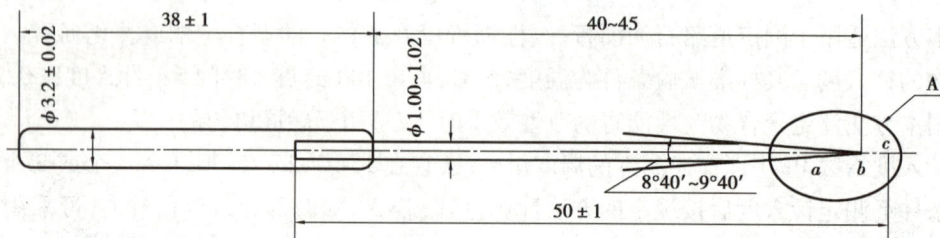

(a)标准针细部

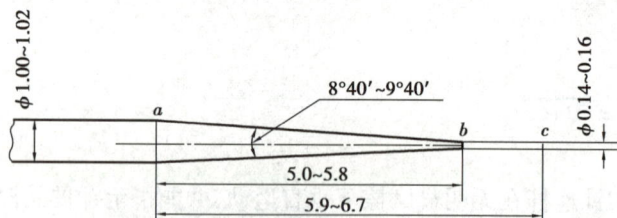

(b)A大样图

图4.1　标准针

4.1.3　试验步骤

(1)试验准备

①按《公路工程沥青及沥青混合料试验规程》(JTG E20—2011)的规定准备沥青试样。

②按试验要求将恒温水槽调节到要求的试验温度25 ℃或15 ℃、30 ℃(5 ℃)……,保持稳定。

③将试样注入盛样皿中,试样高度应超过预计针入度值10 mm,并盖上盛样皿,以防落入灰尘。盛有试样的盛样皿在15~30 ℃室温中冷却1~1.5 h(小盛样皿)或1.5~2 h(大

盛样皿)或 2~2.5 h(特殊盛样皿)后,移入保持规定试验温度±0.1 ℃的恒温水槽中 1~1.5 h(小盛样皿)或 1.5~2 h(大试样皿)或 2~2.5 h(特殊盛样皿)。

④调整针入度仪使之水平。检查针连杆和导轨,以确认无水和其他外来物,无明显摩擦。用三氯乙烯或其他溶剂清洗标准针,并擦拭干。将标准针插入针连杆,用螺丝固紧。按试验条件,加上附加砝码。

(2)试验操作

①取出达到恒温的盛样皿,并移入水温控制在试验温度±0.1 ℃(可用恒温水槽中的水)的平底玻璃皿中的三脚支架上,试样表面以上的水层深度不少于 10 mm。

②将盛有试样的平底玻璃皿置于针入度仪的平台上。慢慢放下针连杆,用适当位置的反光镜或灯光反射观察,使针尖恰好与试样表面接触。拉下刻度盘的拉杆,使之与针连杆顶端轻轻接触,调节刻度盘或深度指示器的指针指示为零。

③开动秒表,在指针正指 5 s 的瞬间,用手紧压按钮,使标准针自动下落贯入试样,经规定时间,停压按钮使针停止移动。

注意:当采用自动针入度仪时,计时与标准针落下贯入试样同时开始,至 5 s 时自动停止。

④拉下刻度盘拉杆与针连杆顶端接触,读取刻度盘指针或位移指示器的读数,精确至 0.5 mm(或 0.1 mm)。

⑤同一试样平行试验至少 3 次,各测试点之间及与盛样皿边缘的距离不应少于 10 mm。每次试验后应将盛有盛样皿的平底玻璃皿放入恒温水槽,使平底玻璃皿中水温保持在试验温度。每次试验应换一根干净标准针或将标准针取下用沾有三氯乙烯溶剂的棉花或布揩净,再用干棉花或布擦干。

⑥测定针入度大于 200 的沥青试样时,至少用 3 支标准针,每次试验后将针留在试样中,直至 3 次平行试验完成后,才能将标准针取出。

⑦测定针入度指数 PI 时,按同样的方法在 15 ℃、25 ℃、30 ℃(或 5 ℃)3 个或 3 个以上(必要时增加 10 ℃、20 ℃等)温度条件下分别测定沥青的针入度,但用于仲裁试验的温度条件应为 5 个。

4.1.4　试验数据整理

同一试样 3 次平行试验结果的最大值和最小值之差在如表 4.1 所示的允许偏差范围内时,计算 3 次试验结果的平均值,取整数作为针入度试验结果,以 0.1 mm 为单位。

表 4.1　针入度允许偏差

针入度(0.1 mm)	允许偏差值(0.1 mm)
0~49	2
50~149	4
150~249	12
250~500	20

4.1.5　精密度或允许差

当试验值不符合下列要求时,应重新进行。

(1)当试验结果小于50(0.1 mm)时,重复性试验的允许差为2(0.1 mm),复现性试验的允许差为4(0.1 mm)。

(2)当试验结果等于或大于50(0.1 mm)时,重复性试验的允许差为平均值的4%,复现性试验的允许差为平均值的8%。

4.1.6　注意事项

(1)对取来的沥青试样不得直接采用电炉或煤气炉明火加热。不得已采用电炉或煤炉加热脱水时,必须垫放石棉网,时间不超过30 min。

(2)在沥青灌模过程中,如温度下降可放入烘箱中适当加热,试样冷却后反复加热的次数不得超过2次,以防沥青老化影响试验结果。在沥青灌模时不得反复搅动沥青,应避免混进气泡。

(3)灌模剩余的沥青应立即清洗干净,不得重复使用。

4.1.7　试验记录

班级　　　组别　　　姓名　　　学号　　　　　　　　　　年　　月　　日

试验题目	4.1　沥青针入度试验						成　绩	
试验目的								
主要仪器								
试验编号	试验温度/℃	试验时间/s	试件质量/g	指针度盘读数(0.1 mm)				
				第1次针入度	第2次针入度	第3次针入度	平均值	
1								
2								
3								

试验总结:

4.1.8　思考题

(1)简述沥青的针入度的定义。

(2)针入度试验(小盛样皿)应在规定试验温度±0.1 ℃的恒温水槽中至少保温多长时间?

4.2 沥青延度试验

4.2.1 试验目的与适用范围

（1）本方法适用于测定道路石油沥青、液体沥青蒸馏残留物和乳化沥青蒸发残留物等材料的延度。

（2）沥青延度的试验温度与拉伸速率可根据要求采用，通常采用的试验温度为25 ℃、15 ℃、10 ℃或5 ℃，拉伸速度为（5±0.25）cm/min。当低温采用（1±0.05）cm/min 拉伸速度时，应在报告中注明。

4.2.2 仪器与材料

（1）延度仪：将试件浸没于水中，能保持规定的试验温度及按照规定拉伸速度拉伸试件，且试验时无明显振动的延度仪均可使用。延度仪如图4.2 所示。

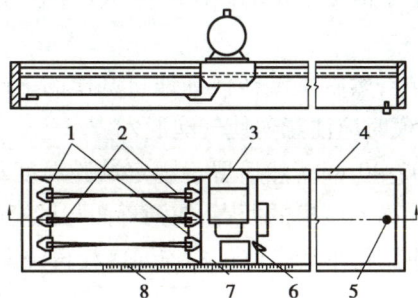

1—试模；2—试样；3—电机；4—水槽；5—泄水孔；6—开关柄；7—指针；8—标尺

图 4.2　延度仪

（2）试模：黄铜制，由 2 个端模和 2 个侧模组成，试模内侧表面粗糙度 Ra 为 0.2 μm。试模底板：玻璃板或磨光的铜板、不锈钢板（表面粗糙度 Ra 为 0.2 μm）。延度试模如图 4.3 所示。

（3）恒温水槽：容量不少于 10 L，控制温度的精确度为 0.1 ℃。水槽中应设有带孔搁架，搁架距水槽底不得少于 50 mm。试件浸入水中深度不小于 100 mm。

（4）其他：温度计、砂浴或其他加热炉具；甘油滑石粉隔离剂（甘油与滑石粉的质量比为2:1）；平刮刀；石棉网；酒精；食盐等。

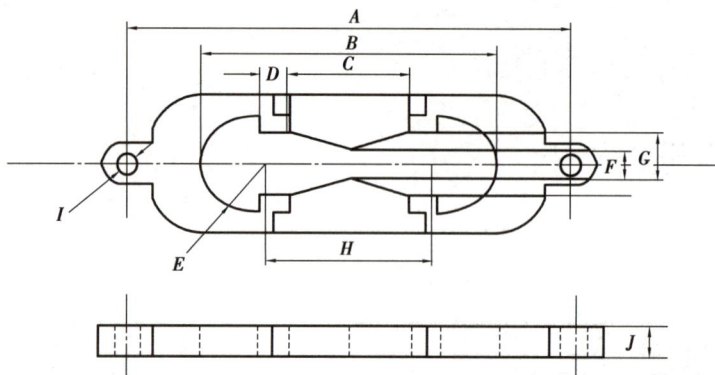

A—两端模环中心点距离 111.5~113.5 mm;*B*—试件总长 74.5~75.5 mm;

C—端模间距 29.7~30.3 mm;*D*—肩长 6.8~7.2 mm;*E*—半径 15.75~16.25 mm;

F—最小横断面宽 9.9~10.1 mm;*G*—端模口宽 19.8~20.2 mm;

H—两半圆心间距离 42.9~43.1 mm;*I*—端模孔直径 6.5~6.7 mm;*J*—厚度 9.9~10.1 mm

图 4.3 延度试模

4.2.3 试验步骤

（1）准备工作

①将隔离剂拌和均匀,涂于清洁干燥的试模底板和 2 个侧模的内侧表面,并将试模在试模底板上装妥。

②按规定的方法准备试样,然后将试样仔细地自试模的一端至另一端往返数次缓缓注入模中,最后略高于试模,灌模时应注意勿使气泡混入。

③试件在室温中冷却 30~40 min,然后置于规定试验温度±0.1 ℃的恒温水槽中,保持 30 min 后取出,用热刮刀刮除高出试模的沥青,使沥青面与试模面齐平。沥青的刮法应自试模的中间刮向两端,且表面应刮得平滑。将试模连同底板再浸入规定试验温度的水槽中 1~1.5 h。

④检查延度仪延伸速度是否符合规定要求,然后移动滑板使其指针正对标尺的零点。将延度仪注水,并保温达试验温度±0.5 ℃。

（2）试验操作

①将保温后的试件连同底板移入延度仪的水槽中,然后将盛有试样的试模自玻璃板或不锈钢板上取下,将试模两端的孔分别套在滑板及槽端固定板的金属柱上,并取下侧模。水面距试件表面应不小于 25 mm。

②开动延度仪,并注意观察试样的延伸情况。此时应注意,在试验过程中,水温应始终保持在试验温度规定范围内,且仪器不得有振动,水面不得有晃动,当水槽采用循环水时,应暂时中断循环,停止水流。在试验中,如发现沥青细丝浮于水面或沉入槽底时,则应在水中加入酒精或食盐,调整水的密度至与试样相近后,重新试验。

③试件拉断时,读取指针所指标尺上的读数,以 cm 表示。在正常情况下,试件延伸时应成锥尖状,拉断时实际断面接近于零。如不能得到这种结果,则应在报告中注明。

4.2.4　试验数据整理

同一试样,每次平行试验不少于 3 个,如 3 个测定结果均大于 100 cm,试验结果记作"100 cm",特殊需要也可分别记录实测值。如 3 个测定结果中,有一个以上的测定值小于 100 cm,且最大值或最小值与平均值之差满足重复性试验精密度要求,则取 3 个测定结果的平均值的整数作为延度试验结果,若平均值大于 100 cm,记作">100 cm"。若最大值或最小值与平均值之差不符合重复性试验精密度要求,试验应重新进行。

4.2.5　精密度或允许差

当试验结果小于 100 cm 时,重复性试验的允许差为平均值的 20%;复现性试验的允许差为平均值的 30%。

4.2.6　注意事项

(1)涂隔离剂时一定不能涂于端模内侧。
(2)试验过程中,仪器不得有振动,水面不得有晃动。

4.2.7　试验记录

班级　　　组别　　　姓名　　　学号　　　　　　　　　　　年　　月　　日

试验题目	4.2　沥青延度试验			成　绩	
试验目的					
主要仪器					
试验编号	试验温度 /℃	试验速度 /(cm · min^{-1})	延度/cm		
			试验 1	试验 2	试验 3	平均值
1					
2					
3					
校核					

试验总结:

4.2.8　思考题

(1)延度试验的保温时间是多少?

(2)延度仪拉伸速度是多少?

4.3 沥青软化点试验（环球法）

4.3.1 试验目的与适用范围

本方法适用于测定道路石油沥青、煤沥青的软化点,也适用于测定液体石油沥青经蒸馏或乳化沥青破乳蒸发后残留物的软化点。

4.3.2 仪器与材料

（1）软化点试验仪:如图 4.4 所示,由下列部件组成:

①钢球:直径 9.53 mm,质量(3.5±0.05)g。

②试样环:黄铜或不锈钢等制成,形状尺寸如图 4.5 所示。

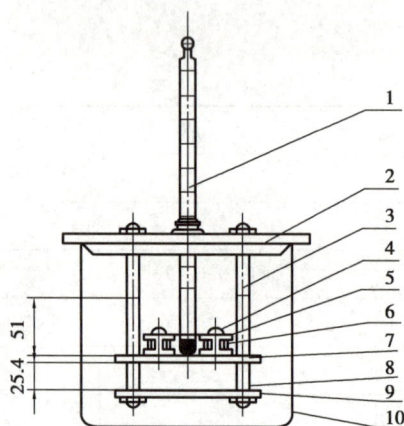

1—温度计;2—上承板;3—枢轴;4—钢球;5—环套;
6—环;7—中承板;8—支承座;9—下承板;10—烧杯

图 4.4　软化点试验仪

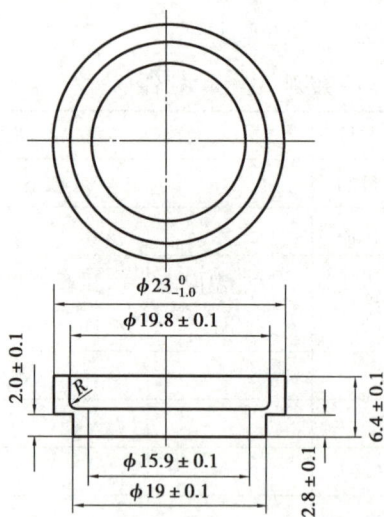

图 4.5　试样环

③钢球定位环:黄铜或不锈钢制成。

④金属支架:由 2 个主杆和 3 层平行的金属板组成。上层为一圆盘,其直径略大于烧杯直径,中间有一圆孔,用以插放温度计。中层板形状尺寸如图 4.6 所示,板上有 2 个孔,各放置一金属环,中间有一小孔,可支撑温度计的测温端部。一侧立杆距环上面 51 mm 处刻有水高标记。

⑤耐热玻璃烧杯:容量 800 ~ 1 000 mL,直径不小于 86 mm,高不小于 120 mm。

⑥温度计:量程 0 ~ 80 ℃,分度为 0.5 ℃。

⑦环夹:由薄钢条制成,用以夹持金属环以便刮平表面,形状尺寸如图 4.7 所示。

⑧蒸馏水或纯净水。

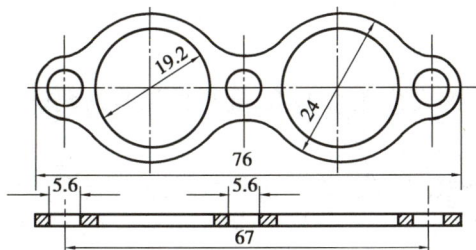

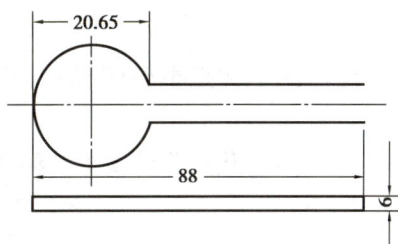

图 4.6　中层板　　　　　　　　　　　　图 4.7　环夹

（2）其他：加热炉具、试样底板、恒温水槽、平直刮刀、甘油滑石粉隔离剂、石棉网等。

4.3.3　试验步骤

（1）试验准备

①将试样环置于涂有甘油滑石粉隔离剂的试样底板上。按规定方法将准备好的沥青试样徐徐注入试样环内至略高出环面为止。

②试样在室温冷却 30 min 后，用环夹夹着试样杯，并用热刮刀刮除环面上的试样，务使之与环面齐平。

（2）试验操作

①试样软化点在 80 ℃ 以下者：

a. 将装有试样的试样环连同试样底板置于（5±0.5）℃ 水的恒温水槽中至少 15 min，同时将金属支架、钢球、钢球定位环等亦置于相同水槽中。

b. 烧杯内注入新煮沸并冷却至 5 ℃ 的蒸馏水，水面略低于立杆上的深度标记。

c. 从恒温水槽中取出盛有试样的试样环放置在支架中层板的圆孔中，套上定位环；然后将整个环架放入烧杯中，调整水面至深度标记，并保持水温为（5±0.5）℃。环架上任何部分不得附有气泡。将温度计由上层板中心孔垂直插入，使端部测温头底部与试样环下面齐平。

d. 将盛有水和环架的烧杯移至放有石棉网的加热炉具上，然后将钢球放在定位环中间的试样中央，立即开动振荡搅拌器，使水微微振荡，并开始加热，使杯中水温在 3 min 内调节至维持每分钟上升（5±0.5）℃。在加热过程中，应记录每分钟上升的温度值，如温度上升速度超出上述范围时，则试验应重做。

e. 试样受热软化逐渐下坠，至与下层底板表面接触时，立即读取温度，精确至 0.5 ℃。

②试样软化点在 80 ℃ 以上者：

a. 将装有试样的试样环连同试样底板置于装有（32±1）℃ 甘油的恒温槽中至少 15 min，同时将金属支架、钢球、钢球定位环等亦置于甘油中。

b. 在烧杯内注入预先加热至 32 ℃ 的甘油，其液面略低于立杆上的深度标记。

c. 从恒温槽中取出装有试样的试样环，按上述方法进行测定，精确至 1 ℃。

4.3.4　试验数据整理

同一试样平行试验两次，当两次测定值的差值符合重复性试验精密度要求时，取其平均值作为软化点试验结果，精确至 0.5 ℃。

4.3.5　精密度或允许差

（1）当试样软化点小于80 ℃时,重复性试验的允许差为1 ℃,复现性试验的允许差为4 ℃。

（2）当试样软化点等于或大于80 ℃时,重复性试验的允许差为2 ℃,复现性试验的允许差为8 ℃。

4.3.6　注意事项

（1）试验前养护时,钢球、钢球定位环、金属支架等应在试样养护环境中操作使用。

（2）在加热过程中,应记录每分钟上升的温度值,如温度上升速度超出每分钟(5±0.5)℃时,则应重做试验。

4.3.7　试验记录

班级　　　组别　　　姓名　　　学号　　　　　　　　　　年　　月　　日

试验题目	4.3　沥青软化点试验（环球法）																	成　绩	
试验目的																			
主要仪器																			
试验编号	室内温度/℃	烧杯内液体种类	开始加热时间	烧杯中液体温度上升记录（在指定时间末时刻的温度）													软化点/℃	平均值/℃
				开始加热	1 min末	2 min末	3 min末	4 min末	5 min末	6 min末	7 min末	8 min末	9 min末	10 min末	11 min末	12 min末	13 min末	14 min末		

试验总结:

4.3.8　思考题

沥青试样软化点在80 ℃以上用什么介质?

4.4　沥青标准黏度试验

4.4.1　试验目的与适用范围

（1）沥青的标准黏度是试样在规定温度下,自沥青标准黏度计规定直径的流孔流出 50 mL 所需的时间,以 s 表示。

（2）液体沥青的技术等级是按标准黏度来划分的。

（3）本方法适用于测定液体石油沥青、煤沥青、乳化沥青等材料流动状态的黏度。

4.4.2　试验设备

（1）道路沥青标准黏度计。

（2）水槽、水槽盖。

（3）盛样管。

（4）球塞。

（5）温度计（分度为 0.1 ℃）。

（6）秒表。

（7）接收瓶（或 100 mL 量筒）。

（8）流孔检查棒。

（9）肥皂水（或矿物油）、加热炉等。

4.4.3　试验步骤

（1）试验准备

①按《公路工程沥青及沥青混合料试验规程》(JTG E 20—2011)的规定准备沥青试样。

②根据沥青材料的种类和稠度,选择需要流孔孔径的盛样管,置于水槽圆井中,用规定的球塞堵好流孔,流孔下放蒸发皿,以备接收不慎流出的试样。除 10 mm 流孔采用直径 12.7 mm 球塞外,其余流孔均采用直径为 6.35 mm 的球塞。

（2）试验操作

①根据试验温度需要,调整恒温水槽的水温为试验温度±0.1 ℃,并将其进出口用胶管接妥,使热水流进行正常循环。

②将试样加热至比试验温度高 2～3 ℃（如试验温度低于室温时,试样需冷却至比试验温度低 2～3 ℃）时注入盛样管,其数量以液面到达球塞杆垂直时杆上的标记为准。

③试样在水槽中保持试验温度至少 30 min,用温度计轻轻搅拌试样,测量试样的温度为试验温度±0.1 ℃时,调整试样液面至球塞杆的标记处,再继续保温 1～3 min。

④将流孔下蒸发皿移去,放置接收瓶或量筒,将量筒内装入 25 mL 肥皂水,以利于洗涤

及读数准确,并使量筒中心正对流孔。

⑤提起球塞,借标记悬挂在试样管边上,待试样流入量筒内使其刻度达到 50 mL 时,按动秒表,待试样流出达到 100 mL 时,按停秒表,读取试样流出 50 mL 所经过的时间,以 s 计,即为试样的黏度。

4.4.4　试验数据整理

(1)同一试样至少平行试验两次,当两次测定的差值不大于平均值的 4% 时,取其平均值的整数作为试验结果。

(2)精密度或允许差:重复性试验的允许差为平均值的 4% 。

4.4.5　注意事项

(1)试验前必须将量筒内壁用肥皂水润湿,再将量筒内装入 25 mL 肥皂水以利于清洗及准确读数。

(2)盛样管内注入试样时,液面不能超过球塞杆垂直时杆上的标记。

4.4.6　试验记录

班级　　　组别　　　姓名　　学号　　　　　　　年　　月　　日

试验题目		4.4　沥青标准黏度试验				成　绩	
试验目的							
主要仪器							
试验编号	流水直径/mm	恒温水浴温度/℃	试样温度/℃	肥皂水或矿物油/mL	流出 50 mL 试样所需时间/s		平均值/s
1							
2							
3							

试验总结:

4.4.7　思考题

(1)乳化沥青的黏度有哪 3 种?

(2)$C_{25.3}$ 表示什么?

(3)乳化沥青标准黏度的数据处理要求是什么?

4.5 沥青与粗集料的黏附性试验

沥青与粗集料
的黏附性试验

4.5.1　试验目的与适用范围

本方法适用于检验沥青与粗集料表面的黏附性及评定粗集料的抗水剥离能力。对于最大粒径大于 13.2 mm 的粗集料,应采用水煮法;对于最大粒径小于或等于 13.2 mm 的集料,应采用水浸法进行试验。对同一种料源集料,最大粒径既有大于又有小于 13.2 mm 的不同集料时,以水煮法试验为标准。对细粒式沥青混合料应以水浸法试验为准。

4.5.2　仪器与材料

（1）天平:称重 500 g,感量不大于 0.01 g。

（2）恒温水槽:保温(80±1)℃。

（3）拌和用小型容器:500 mL。

（4）烧杯:1 000 mL。

（5）试验架。

（6）细线:尼龙线或棉线、铜丝线。

（7）铁丝网。

（8）标准筛:9.5 mm、13.2 mm、19 mm 各 1 个。

（9）烘箱:装有自动温度调节器。

（10）电炉、燃气炉玻璃板:200 mm×200 mm。

（11）搪瓷盘:300 mm×400 mm。

（12）其他:拌和铲、石棉网、纱布、手套等。

4.5.3　试验方法与步骤

1）水煮法

（1）准备工作

①将集料过 13.2 mm、19 mm 的筛,取粒径 13.2～19 mm 形状接近立方体的规则集料 5 个,用洁净水洗净,置于温度为(105±5)℃的烘箱中烘干,然后放在干燥器中备用。

②将大烧杯中盛水,并置于加热炉的石棉网上煮沸。

（2）试验操作

①将集料逐个用细线在中部系牢,再置于(105±5)℃烘箱内 1 h。按《公路工程沥青及沥青混合料试验规程》(JTG E 20—2011)的规定准备沥青试样。

②逐个取出加热的矿料颗粒(用线提起),浸入预先加热的沥青(石油沥青 13～50 ℃,煤沥青 100～110 ℃)试样中 45 s 后,轻轻拿出,使集料颗粒完全为沥青膜所裹覆。

③将裹覆沥青的集料颗粒悬挂于试验架上，下面垫一张纸，使多余的沥青流掉，并在室温下冷却 15 min。

④待集料颗粒冷却后，逐个用线提起，浸入盛有煮沸水的大烧杯中央，调整加热炉使烧杯中的水保持微沸状态，但不允许有沸开的泡沫。

⑤浸煮 3 min 后，将集料从水中取出，观察矿料颗粒上沥青膜的剥落程度，并按表 4.2 所示的数据评定其黏附性等级。

表 4.2　沥青与集料的黏附性等级表

试验后石料表面上沥青膜剥落情况	黏附性等级
沥青膜完全保存，剥离面积百分率接近于 0	5
沥青膜少部为水所移动，厚度不均匀，剥离面积百分率少于 10%	4
沥青膜局部明显地为水所移动，基本保留在石料表面上，剥离面积分率少于 30%	3
沥青膜大部为水所移动，局部保留在石料表面上，剥离面积百分率大于 30%	2
沥青膜完全为水所移动，石料基本裸露，沥青全浮于水面	1

⑥同一试样应平行试验 5 个集料颗粒，并由 2 名以上经验丰富的试验人员分别评定后，取平均等级作为试验结果。

2）水浸法

（1）试验准备

①将集料过 9.5 mm、13.2 mm 筛，取粒径 9.5 ~ 13.2 mm 形状规则的集料 200 g，用洁净水洗净，并置于温度为（105±5）℃的烘箱中烘干，然后放在干燥器中备用。

②按《公路工程沥青及沥青混合料试验规程》（JTG E20—2011）的规定准备沥青试样并加热至按相应的要求规定的沥青与矿料的拌和温度。

③将煮沸过的热水注入恒温水槽中，并维持温度在（80±1）℃。

（2）试验操作

①按四分法称取集料颗粒（9.5 ~ 13.2 mm）100 g 置于搪瓷盘中，连同搪瓷盘一起放入已升温至沥青拌和温度以上 5 ℃的烘箱中持续加热 1 h。

②按每 100 g 矿料加入沥青（55±0.2）g 的比例称取沥青，精确至 0.1 g，放入小型拌和容器中，一起置入同一烘箱中加热 15 min。

③将搪瓷盘中的集料倒入拌和容器的沥青中后，从烘箱中取出拌和容器，立即用金属铲均匀拌和 1 ~ 1.5 min，使集料完全被沥青薄膜裹覆。然后立即将裹有沥青的集料取 20 个，用小铲移至玻璃板上摊开，并置于室温下冷却 1 h。

④将放有集料的玻璃板浸入温度为（80±1）℃的恒温水槽中，保持 30 min，并将剥离及浮于水面的沥青用纸片捞出。

⑤从水中小心取出玻璃板，浸入水槽内的冷水中，仔细观察裹覆集料的沥青薄膜的剥落情况。由 2 名以上经验丰富的试验人员分别目测，评定剥离面积的百分率，评定后取平均值表示。

注：为使估计的剥离面积百分率较为正确，宜先制取若干个不同剥离率的样本，用比照

法目测评定。不同剥离率的样本,可用加不同比例抗剥离剂的改性沥青与酸性集料拌和后浸水得到,也可由同一种沥青与不同集料品种拌和后浸水得到,样本的剥离面积百分率应逐个仔细计算得出。

⑥由剥离面积百分率按表4.2所示数据评定沥青与集料黏附性的等级。

4.5.4　注意事项

试验结果应记录采用的方法及集料粒径。

4.5.5　试验记录

班级　　　　组别　　　　姓名　　　学号　　　　　　　　　　年　　月　　日

试验题目	4.5　沥青与粗集料的黏附性试验				成　绩	
试验目的						
主要仪器						
岩石种类						
试验编号	1	2	3	4	5	
黏附性等级						
平均值						

试验总结:

4.5.6　思考题

(1)检验沥青与粗集料表面的黏附性试验的方法有哪些?

(2)简述水浸法试验的基本原理。

第5章
沥青混合料试验

沥青混合料试件制作方法(击实法)

5.1 沥青混合料试件制作方法（击实法）

5.1.1 试验目的与适用范围

（1）本方法适用于标准击实法或大型击实法制作沥青混合料试件，以供试验室进行沥青混合料物理力学性质试验使用。

（2）标准击实法适用于马歇尔试验、间接抗拉试验（劈裂法）等所使用的 $\phi101.6$ mm×63.5 mm 圆柱体试件的成型。大型击实法适用于 $\phi152.4$ mm×95.3 mm 的大型圆柱体试件的成型。

（3）沥青混合料试件制作时的矿料规格及试件数量应符合如下规定：

①当集料公称最大粒径小于或等于 26.5 mm 时，采用标准击实法。一组试件的数量不少于 4 个。

②当集料公称最大粒径大于 26.5 mm，但不大于 31.5 mm 时，宜采用大型击实法。一组试件的数量不少于 6 个。

5.1.2 试验设备

（1）标准击实仪：由击实锤、$\phi98.5$ mm 平圆形压实头及带手柄的导向棒组成。用人工或机械将压实锤举起，从（457.2±1.5）mm 的高度沿导向棒自由落下击实，标准击实锤质量（4 536±9）g。

（2）大型击实仪：由击实锤、$\phi149.5$ mm 平圆形压实头及带手柄的导向棒（直径 15.9 mm）组成。用机械将压实锤举起，从（457.2±2.5）mm 的高度沿导向棒自由落下击实，大型击实锤质量（10 210±10）g。

自动击实仪是将标准击实锤及标准击实台安装为一体，并用电力驱动使击实锤连续击实试件且可自动计数的设备，击实速度为（60±5）次/min。

（3）试验室用沥青混合料拌和机：能保证拌和温度并充分拌和均匀，可控制拌和时间，容量不小于 10 L。搅拌叶自转速度 70～80 r/min，公转速度 40～50 r/min。

（4）脱模器：电动或手动，可无破损地推出圆柱体试件，备有标准圆柱体试件及大型圆柱体试件尺寸的推出环。

（5）试模：由高碳钢或工具钢制成，每组包括内径（101.6±0.2）mm，高 87 mm 的圆柱形金属筒、底座（直径约 120.6 mm）和套筒（内径 101.6 mm，高 70 mm）各 1 个。

大型圆柱体试件的试模套筒外径 165.1 mm，内径（155.6±0.3）mm，总高 83 mm。试模内径（152.4±0.2）mm，总高 115 mm，底座板厚 12.7 mm，直径 172 mm。

（6）烘箱：大、中型各一台，装有温度调节器。

（7）天平或电子秤：用于称量矿料的，感量不大于 0.5 g；用于称量沥青的，感量不大于 0.5 g。

（8）沥青运动黏度测定设备：毛细管黏度计、赛波特重油黏度计或布洛克菲尔德黏度计。

（9）温度计：分度为 1 ℃。宜采用有金属插杆的热电偶沥青温度计，金属插杆的长度不小于 300 mm。量程 0～300 ℃，数字显示或度盘指针的分度 0.1 ℃，且有留置读数功能。

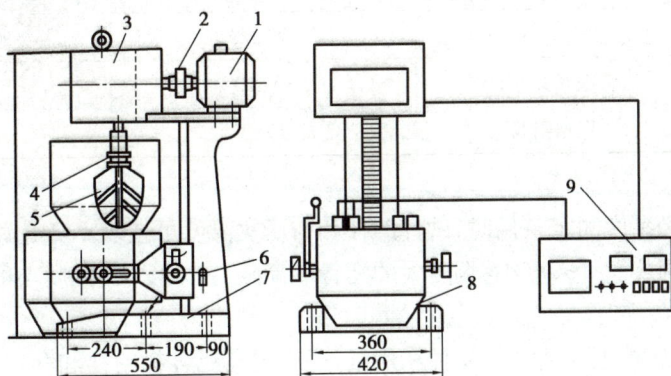

1—电机;2—联轴器;3—变速箱;4—弹簧;5—拌和叶片;

6—升降手柄;7—底座;8—加热拌和锅;9—温度时间控制仪

图 5.1　试验室用沥青混合料拌和机

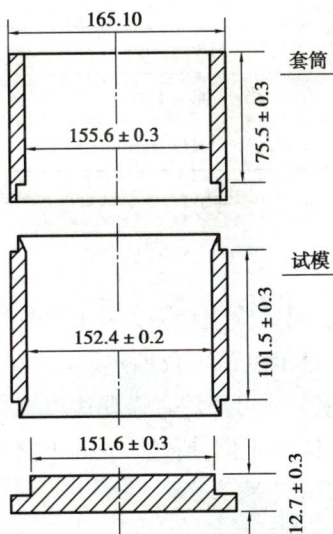

图 5.2　大型圆柱体试件的套筒与试模

（10）其他：插刀或大螺丝刀电炉或煤气炉、沥青熔化锅、拌和铲、标准筛、滤纸（或普通纸）、胶布、卡尺、秒表、粉笔、棉纱等。

5.1.3　试验准备

（1）确定制作沥青混合料试件的拌和与压实温度

①按规程测定沥青的黏度，绘制黏温曲线。按表5.1所示的要求确定适宜于沥青混合料拌和及压实的黏度。

表5.1　适宜于沥青混合料拌和及压实的沥青黏度

沥青结合料种类	黏　度	适宜于拌和的沥青混合料黏度	适宜于压实的沥青混合料黏度
石油沥青 （含改性沥青）	表观黏度/(Pa·s)	0.17±0.02	0.28±0.03
	运动黏度/(mm²·s⁻¹)	170±20	280±30
	赛波特黏度/s	85±10	140±15
煤沥青	恩格拉度	25±3	40±5

②当缺乏沥青黏度测定条件时，试件的拌和与压实温度可按表5.2选用，并根据沥青品种和标号作适当调整。针入度小、稠度大的沥青取高限，针入度大、稠度小的沥青取低限，一般取中值。

对改性沥青，应根据改性剂的品种和用量，适当提高混合料的拌和和压实温度。对大部分聚合物改性沥青，需要在基质沥青的基础上提高15～30 ℃。掺加纤维时，需再提高10 ℃左右。

表5.2　沥青混合料拌和及压实温度参考表

沥青结合料种类	拌和温度/℃	压实温度/℃
石油沥青	130～160	120～150
煤沥青	90～120	80～110
改性沥青	160～175	140～170

注：液体沥青混合料的压实成型温度按石油沥青要求执行。常温沥青混合料的拌和及压实在常温下进行。

（2）沥青混合料的采集

按《公路工程沥青及沥青混合料试验规程》(JTG E20—2011)的规定在拌和厂或施工现场采集沥青混合料试样。将试样置于烘箱中或加热的砂浴上保温，在混合料中插入温度计测量温度，待混合料温度符合要求后才可使用。需要适当拌和时，可将混合料倒入已加热的小型沥青混合料拌和机中适当拌和，时间不超过1 min，但不得用铁锅在电炉或明火上加热炒拌。

（3）试验室人工配制沥青混合料

在试验室人工配制沥青混合料时，材料准备按下列步骤进行：

①将各种规格的矿料置于(105±5) ℃的烘箱中烘干至恒重（一般不少于4～6 h）。根据

需要,粗集料可先用水冲洗干净后烘干,也可将粗细集料过筛后用水冲洗再烘干备用。

②按《公路工程岩石试验规程》(JTG E41—2005)规定试验方法分别测定不同粒径规格粗、细集料及填料(矿粉)的各种密度,按《公路工程沥青及沥青混合料试验规程》(JTG E20—2011)规定的沥青密度与相对密度试验方法测定沥青的密度。

③将烘干分级的粗细集料,按每个试件的设计级配要求称其质量,在一金属盘中混合均匀,矿粉单独加热,置于烘箱中预热至沥青拌和温度以上约 15 ℃(采用石油沥青时通常为163 ℃;采用改性沥青时通常需 180 ℃)备用。一般按一组试件(每组 4~6 个)备料,但进行配合比设计时宜对每个试件分别备料。当采用替代法时,对粗集料中粒径大于 265 mm 的部分,以 13.2~26.5 mm 粗集料等量代替。常温沥青混合料的矿料不应加热。

④将按沥青取样法采集的沥青试样,用恒温烘箱或油浴、电热套熔化加热至规定的沥青混合料拌和温度备用,但不得超过 175 ℃。当不得已采用燃气炉或电炉直接加热进行脱水时,必须使用石棉垫隔开。

(4)设备的加热

用沾有少许黄油的棉纱擦净试模、套筒及击实座等,置于 100 ℃ 左右烘箱中加热 1 h 备用。常温沥青混合料用试模不加热。

5.1.4 试验步骤

(1)黏稠石油沥青或煤沥青混合料

①将沥青混合料拌和机预热至拌和温度以上 10 ℃ 左右备用(对试验室试验研究、配合比设计及采用机械拌和施工的工程,严禁用人工炒拌法热拌沥青混合料)。

②将每个试件预热的粗细集料置于拌和机中,用小铲子适当混合。然后再加入需要数量的已加热至拌和温度的沥青(如沥青已称量在一专用容器内时,可在倒掉沥青后用一部分热矿粉将沾在容器壁上的沥青擦拭一起倒入拌和锅中),开动拌和机一边搅拌一边将拌和叶片插入混合料中拌和 1~1.5 min。然后暂停拌和,加入单独加热的矿粉,继续拌和至均匀为止,并使沥青混合料保持在要求的拌和温度范围内。标准的总拌和时间为 3 min。

(2)液体石油沥青混合料

将每组(或每个)试件的矿料置于已加热至 55~100 ℃ 的沥青混合料拌和机中,注入要求数量的液体沥青,并将混合料边加热边拌和,使液体沥青中的溶剂挥发至 50% 以下。拌和时间应由事先试拌决定。

(3)乳化沥青混合料

将每个试件的粗细集料置于沥青混合料拌和机(不加热,也可用人工炒拌)中,注入计算的用水量(阴离子乳化沥青不加水)后,拌和均匀并使矿料表面完全湿润,再注入设计的沥青乳液用量,在 1 min 内使混合料拌匀,然后加入矿粉并迅速拌和,使混合料拌成褐色为止。

5.1.5 试件成型

(1)马歇尔标准击实法

马歇尔标准击实法的成型步骤如下:

①将拌好的沥青混合料,均匀称取一个试件所需的用量(标准马歇尔试件约 1 200 g,大

型马歇尔试件约 4 050 g）。当已知沥青混合料的密度时,可根据试件的标准尺寸计算并乘以 1.03 得到要求的混合料数量。当一次拌和几个试件时,宜将其倒入经预热的金属盘中,用小铲适当拌和均匀分成几份,分别取用。在试件制作过程中,为防止混合料温度下降,应连盘放在烘箱中保温。

②从烘箱中取出预热的试模及套筒,用沾有少许黄油的棉纱擦拭套筒、底座及击实锤底面,将试模装在底座上,垫一张圆形的吸油性小的纸,按四分法从 4 个方向用小铲将混合料铲入试模中,用插刀或大螺丝刀沿周边插捣 15 次,中间 10 次。插捣后将沥青混合料表面整平成凸圆弧面。对大型马歇尔试件,混合料分 2 次加入,每次插捣次数同上。

③插入温度计至混合料中心附近,检查混合料温度。

④待混合料温度符合要求的压实温度后,将试模连同底座一起放在击实台上固定,在装好的混合料上面垫一张吸油性小的圆纸,再将装有击实锤及导向棒的压实头插入试模中,然后开启电动机或人工将击实锤从 457 mm 的高度自由落下击实规定的次数（75、50 或 35 次）。对大型马歇尔试件,击实次数为 75 次（相应于标准击实 50 次的情况）或 112 次（相应于标准击实 75 次的情况）。

⑤试件击实一面后,取下套筒,将试模掉头,装上套筒,然后以同样的方法和次数击实另一面。

⑥试件击实结束后,立即用镊子取掉上、下面的纸,用卡尺量取试件离试模上口的高度并由此计算试件高度。如高度不符合要求,试件应作废,并按下述方法调整试件的混合料质量,以保证高度符合（63.5±1.3）mm（标准试件）或（95.3±2.5）mm（大型试件）的要求。调整后混合料的质量计算方法如下:

调整后混合料质量＝要求试件高度×原用混合料质量/所得试件的高度

（2）试件的后处理

卸去套筒和底座,将装有试件的试模横向放置冷却至室温后（不少于 12 h）,置脱模机上脱出试件用于做现场马歇尔稳定度指标检验的试件,在施工质量检验过程中如急需试验,允许采用电风扇吹冷 1 h 或浸水冷却 3 min 以上的方法脱模,但浸水脱模法不能用于测量密度、空隙率等各项物理指标。

（3）试件的存放

将试件仔细置于干燥洁净的平面上,供试验用。

5.1.6 试验记录

| 班级 | 组别 | 姓名 | 学号 | | 年 | 月 | 日 |

试验题目	5.1 沥青混合料试件制作方法（击实法）			成 绩	
试验目的					
主要仪器					

沥青混合料级配组成	矿料名称	制备一个试件所需质量/g	加入沥青质量/g	矿料配合比/%

右上角：续表

沥青混合料级配组成	矿料名称	制备一个试件所需质量/g	加入沥青质量/g	矿料配合比/%

试件编号	制件日期	拌和温度/℃	击实温度/℃	试件尺寸/mm		试件用途
				高度 h	直径 d	

试验总结：

5.1.7　思考题

(1)简述马歇尔标准击实法的主要步骤。

(2)石油沥青牌号的数值表示的是什么？

5.2 压实沥青混合料密度试验(表干法)

5.2.1 试验目的与适用范围

(1)表干法适用于测定吸水率不大于2%的各种沥青混合料试件的毛体积相对密度或毛体积密度。

(2)本方法测定的毛体积密度适用于计算沥青混合料试件的空隙率、矿料间隙率等各项体积指标。

5.2.2 试验设备

(1)浸水天平或电子秤:当最大称量在3 kg以下时,感量不大于0.1 g;最大称量在3 kg以上时,感量不大于0.5 g;最大称量在10 kg以上时,感量5 g。应有测量水中质量的挂钩。

(2)水中质量称重装置:网篮、溢流水箱和试件悬吊装置,见图5.3。

(3)其他:秒表、毛巾、电风扇或烘箱。

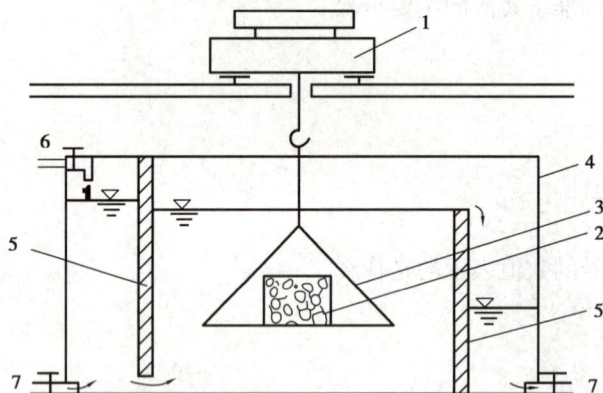

1—浸水天平或电子秤;2—试件;3—网篮;4—溢流水箱;5—水位搁板;6—注入口;7—放水阀门

图5.3 溢流水箱

5.2.3 试验步骤

(1)选择适宜的浸水天平或电子秤,最大称量应不小于试件质量的1.25倍,且不大于试件质量的5倍。

(2)除去试件表面的浮粒,称取干燥试件的空中质量 m_a ,根据选择的天平的感量读数,精确至0.1 g或0.5 g或5 g。

(3)挂上网篮,浸入溢流水箱中,调节水位,将天平调平或复零,把试件置于网篮中(注意不要晃动水)浸水中3~5 min,称取水中质量 m_w 。若天平读数持续变化,不能很快达到稳定,说明试件吸水较严重,不适用于此法测定,应改用蜡封法测定。

(4)从水中取出试件,用洁净柔软的拧干湿毛巾轻轻擦去试件的表面水(不得吸走空隙内的水),称取试件的表干质量 m_f。

(5)对从路上钻取的非干燥试件,可先称取其水中质量 m_w,然后用电风扇将试件吹干至恒重(一般不少于 12 h,当不需进行其他试验时,也可用(60±5)℃烘箱烘干至恒重),再称取空中质量 m_a。

5.2.4　试验数据整理

(1)计算试件的吸水率,取 1 位小数。

试件的吸水率即试件吸水体积占沥青混合料毛体积的百分率,按式(5.1)计算。

$$S_a = \frac{m_f - m_a}{m_f - m_w} \times 100\% \tag{5.1}$$

式中:S_a——试件的吸水率,%;

　　m_a——干燥试件的空中质量,g;

　　m_w——试件的水中质量,g;

　　m_f——试件的表干质量,g。

(2)计算试件的毛体积相对密度和毛体积密度,取 3 位小数。

当试件的吸水率符合 $S_a \le 2\%$ 要求时,试件的毛体积相对密度和毛体积密度分别按式(5.2)、式(5.3)计算,当吸水率 $S_a > 2\%$ 时,应改用蜡封法测定。

$$\gamma_f = \frac{m_a}{m_f - m_w} \tag{5.2}$$

$$\rho_f = \frac{m_a}{m_f - m_w} \times \rho_w \tag{5.3}$$

式中:ρ_w——水的密度,g/cm^3。

(3)试件的空隙率按式(5.4)计算,取 1 位小数。

$$VV = \left(1 - \frac{\gamma_f}{\gamma_t}\right) \times 100\% \tag{5.4}$$

式中:VV——试件的空隙率,%;

　　γ_f——沥青混合料理论最大相对密度,当实测理论最大相对密度有困难时,也可采用按式(5.6)或式(5.7)计算的理论最大相对密度;

　　γ_t——试件的毛体积相对密度,用表干法侧定,当试件吸水率 $S_a > 2\%$ 时,由蜡封法或体积法测定;当按规定容许采用水中重法测定时,也可用表观相对密度代替。

(4)确定矿料的有效相对密度 γ_{se},可按式(5.5)计算。

$$\gamma_{se} = \frac{100 - P_b}{\dfrac{100}{\gamma_t} - \dfrac{P_b}{\gamma_b}} \tag{5.5}$$

式中:γ_{se}——合成矿料的有效相对密度;

　　P_b——试验采用的沥青用量(占混合料总量的百分数),%;

γ_t——试验沥青用量条件下实测得到的最大相对密度;

γ_b——沥青的相对密度(25 ℃/150 ℃)。

(5)确定沥青混合料的最大理论相对密度,按式(5.6)或式(5.7)计算。

$$\gamma_{ti} = \frac{100 - P_{ai}}{\dfrac{100}{\gamma_{se}} + \dfrac{P_{ai}}{\gamma_b}} \tag{5.6}$$

$$\gamma_{ti} = \frac{100}{\dfrac{P_{si}}{\gamma_{se}} + \dfrac{P_{bi}}{\gamma_b}} \tag{5.7}$$

式中:γ_{ti}——相对于计算沥青用量 P_{bi} 沥青混合料的最大理论相对密度;

P_{ai}——所计算的沥青混合料中的油石比,%;

P_{bi}——所计算的沥青混合料的沥青用量,$P_{bi} = \dfrac{P_{ai}}{HP_{ai}}$,%;

P_{si}——所计算的沥青混合料的矿料含量,$P_{si} = P_{ai}100 - P_{bi}$,%;

γ_{se}——矿料的有效相对密度;

γ_b——沥青的相对密度(25 ℃/150 ℃)。

(6)矿料的的合成毛体积相对密度 γ_{sb} 按式(5.8)计算。

$$\gamma_{sb} = \frac{100}{\dfrac{P_1}{\gamma_1} + \dfrac{P_2}{\gamma_2} + \cdots + \dfrac{P_n}{\gamma_n}} \tag{5.8}$$

式中:γ_{sb}——矿料的合成毛体积相对密度;

$\gamma_1, \gamma_2, \cdots, \gamma_n$——各种矿料相应的毛体积相对密度,粗集料按 JTG E42 T0304—2005 测
定,机制砂及石屑按 JTG E42 T0330—2005 方法测定,也可以用筛出
的 2.36～4.75 mm 部分的毛体积相对密度代替,矿粉(含消石灰、水
泥)以表观相对密度代替。

(7)试件中的矿料间隙率,可按式(5.9)计算。

$$VMA = \left(1 - \frac{\gamma_f}{\gamma_{sb}} \times P_s\right) \times 100\% \tag{5.9}$$

式中:VMA——沥青混合料试件的矿料间隙率,%;

P_s——沥青混合料中各种矿料占沥青混合料总质量的百分率之和,即 $P_s = \sum P_i$,%;

γ_f, γ_{sb}——意义同前。

(8)试件的有效沥青饱和度按式(5.10)计算。

$$VFA = \frac{VMA - VV}{VMA} \times 100\% \tag{5.10}$$

式中:VFA——沥青混合料试件的有效沥青饱和度,%;

VMA, VV——意义同前。

(9)试件中的粗集料骨架间隙率可按式(5.11)计算,取 1 位小数。

$$VCA_{mix} = \left(1 - \frac{\gamma_f}{\gamma_{ca}} \times P_{ca}\right) \times 100\% \tag{5.11}$$

式中：VCA_{mix}——沥青混合料中粗集料骨架之外的体积（通常指小于 4.75 mm 的粗细集料、矿粉、沥青及空隙）占总体积的比例，%；

P_{ca}——沥青混合料中粗集料的比例（由计算，为矿料级配中 4.75 mm 筛余量，即100% 减去 4.75 mm 通过率之差），%；

γ_{ca}——矿料中所有粗集料颗粒部分对水的合成毛体积相对密度，按式(5.12)计算。

$$\gamma_{ca} = \frac{P_{1c}+P_{2c}+\cdots+P_{nc}}{\dfrac{P_{1c}}{\gamma_{1c}}+\dfrac{P_{2c}}{\gamma_{2c}}+\cdots+\dfrac{P_{nc}}{\gamma_{nc}}} \tag{5.12}$$

式中：$P_{1c}, P_{2c}, \cdots, P_{nc}$——各种粗集料在矿料配合比中的比例，%；

$\gamma_{1c}, \gamma_{2c}, \cdots, \gamma_{nc}$——相应的各种粗集料对水的毛体积相对密度。

5.2.5 注意事项

应在试验记录中注明沥青混合料的类型及采用的测定密度的方法。

5.2.6 试验记录

班级　　　组别　　　姓名　　　学号　　　　　　　　　　　　　年　　月　　日

试验题目	5.2　压实沥青混合料密度试验（表干法）						成　绩		
试验目的									
主要仪器									
矿料名称					沥青标号			沥青用量/%	
毛体积密度 /(g·cm⁻³)					沥青密度 /(g·cm⁻³)				
矿料比例/%									
试验编号	试件空气中质量/g	试件水中质量/g	试件表干质量/g	理论密度 /(g·cm⁻³)	实测密度 /(g·cm⁻³)	沥青体积百分率/%	孔隙率 /%	矿料间隙率 /%	沥青饱和度 /%

试验总结：

5.2.7　思考题

（1）测定密度的方法有哪些?

（2）试推导矿料中所有粗集料颗粒部分对水的合成毛体积相对密度计算公式

$$\gamma_{ca} = \frac{P_{1c} + P_{2c} + \cdots + P_{nc}}{\dfrac{P_{1c}}{\gamma_{1c}} + \dfrac{P_{2c}}{\gamma_{2c}} + \cdots + \dfrac{P_{nc}}{\gamma_{nc}}}。$$

5.3 沥青混合料马歇尔稳定度试验

5.3.1 试验目的与适用范围

（1）本方法适用于马歇尔稳定度试验和浸水马歇尔稳定度试验，以进行沥青混合料的配合比设计或沥青路面施工质量检验。浸水马歇尔稳定度试验（根据需要，也可进行真空饱水马歇尔试验）供检验沥青混合料受水侵害后的抵抗剥落能力时使用，通过测试其水稳定性检验配合比设计的可行性。

（2）本方法适用于标准马歇尔试件圆柱体和大型马歇尔试件圆柱体。

5.3.2 试验设备

（1）沥青混合料马歇尔试验仪：分为自动式和手动式。

自动式马歇尔试验仪应具备控制装置、记录荷载-位移曲线、自动测定荷载与试件的垂直变形、自动显示和存储或打印试验结果等功能。手动式由人工操作，试验数据通过操作者目测后读取数据。

对用于高速公路和一级公路的沥青混合料宜采用自动马歇尔试验仪。

①当集料公称最大粒径小于或等于 265 mm 时，宜采用直径（101.6±0.2）mm，高（63.5±1.3）mm 的标准马歇尔试件，试验仪最大荷载不小于 25 kN，读数精确度 100 N，加载速度应保持（50±5）mm/min，钢球直径 16 mm，上下压头曲率半径为 50.8 mm。

②当集料公称最大粒径大于 26.5 mm，采用 ϕ152.4 mm 大型马歇尔试件时，试验仪最大荷载不得小于 50 kN，读数精确度为 100 N，上下压头的曲率内径为 ϕ（152.4±0.2）mm，上下压头间距（19.05±0.1）mm。大型马歇尔试件的压头尺寸如图 5.4 所示。

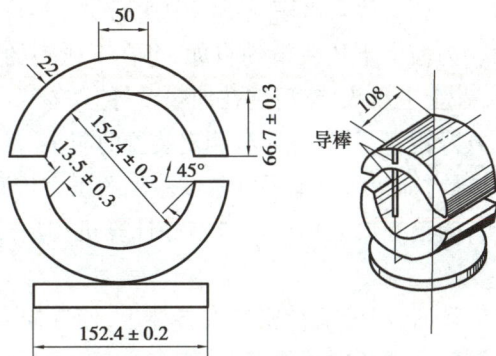

图 5.4　大型马歇尔试件的压头

（2）恒温水槽：控温精确度为 1 ℃，深度不小于 150 mm。

（3）真空饱水容器：包括真空泵及真空干燥器。

（4）烘箱。

（5）天平：感量不大于0.1 g。

（6）温度计：分度为1 ℃。

（7）卡尺。

（8）其他：棉纱、黄油。

5.3.3　试验方法及步骤

1）标准马歇尔试验方法

（1）试验准备

①按标准击实法成型马歇尔试件（见本章5.1）。标准马歇尔尺寸应符合直径（101.6±0.2）mm，高（63.5±1.3）mm 的要求，对大型马歇尔试件，尺寸应符合直径（152.4±0.2）mm，高（95.3±2.5）mm 的要求。一组试件的数量最少不得少于 4 个，并符合《公路工程沥青及沥青混合料试验规程》（JTG E 20—2011）的规定。

②量测试件的直径及高度。用卡尺测量试件中部的直径，用马歇尔试件高度测定器或用卡尺在十字对称的 4 个方向量测离试件边缘 10 mm 处的高度，精确至 0.1 mm，并以其平均值作为试件的高度。如试件高度不符合（63.5±1.3）mm 或（95.3±2.5）mm 要求或两侧高度差大于 2 mm 时，此试件应作废。

③按《公路工程沥青及沥青混合料试验规程》（JTG E 20—2011）规定的方法测定试件的密度、空隙率、沥青体积百分率、沥青饱和度、矿料空隙率等物理指标。

④将恒温水槽调节至要求的试验温度，对黏稠石油沥青或烘箱养生过的乳化沥青混合料为（60±1）℃，对煤沥青混合料为（33.8±1）℃。对空气养护的乳化沥青或液体沥青混合料为（25±1）℃。

（2）试验操作

①将试件置于已达规定温度的恒温水槽中保温，保温时间对标准马歇尔试件需 30～40 min，对大型马歇尔试件需 45～60 min。试件之间应有间隔，底下应垫起，离容器底部不小于 5cm。

②将马歇尔试验仪的上下压头放入水槽或烘箱中达到同样温度。将上下压头从水槽或烘箱中取出擦拭干净内面。为使上下压头滑动自如，可在下压头的导棒上涂少量黄油。再将试件取出置于下压头上，盖上上压头，然后装在加载设备上。

③在上压头的球座上放好钢球，并对准荷载测定装置的压头。

④当采用自动马歇尔试验仪时，将自动马歇尔试验仪的压力传感器、位移传感器与计算机或 X-Y 记录仪正确连接，调整好放大比例。调整好计算机程序或将 X-Y 记录仪的记录笔对准原点。

⑤当采用压力环和流值计时，将流值计安装在导棒上，使导向套管轻轻地压住上压头，同时将流值计读数调零。调整压力环中百分表，对零。

⑥启动加载设备，使试件承受荷载，加载速度为（50±5）mm/min。计算机或 X-Y 记录仪自动记录传感器压力和试件变形曲线并将数据自动存入计算机。

⑦当试验荷载达到最大值的瞬间，取下流值计，同时读取压力环中百分表读数及流值计

的流值读数。

⑧从恒温水槽中取出试件至测出最大荷载值的时间,不得超过 30 s。

2)浸水马歇尔试验方法

浸水马歇尔试验方法与标准马歇尔试验方法的不同之处在于,试件在已达规定温度恒温水槽中的保温时间为 48 h,其余均与标准马歇尔试验方法相同。

3)真空饱水马歇尔试验方法

试件先放入真空干燥器中,关闭进水胶管,开动真空泵,使干燥器的真空度达到 98.3 kPa (730 mmHg)以上,维持 15 min,然后打开进水胶管,靠负压进入冷水流使试件全部浸入水中,浸水 15 min 后恢复常压,取出试件再放入已达规定温度的恒温水槽中保温 48 h,其余均与标准马歇尔试验方法相同。

5.3.4　试验数据整理

(1)试件的稳定度及流值

①当采用自动马歇尔试验仪时,将计算机采集的数据绘制成压力和试件变形曲线。也可由 X-Y 记录仪获得自动记录的荷载-变形曲线。曲线上最大荷载为稳定度 MS,以 kN 计,精确到 0.01 kN;曲线上相应于荷载最大值时的变形作为流值 FL,以 mm 计,精确到 0.1 mm。

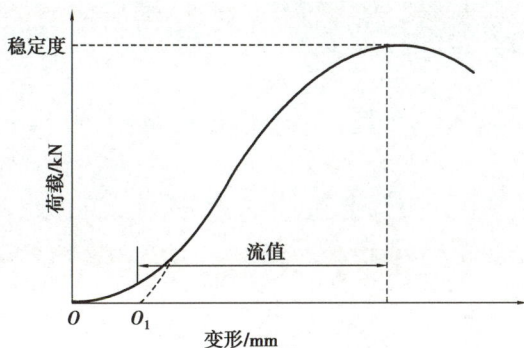

图 5.5　马歇尔试验结果的修正方法

②采用压力环和流值计测定时,根据压力环标定曲线,将压力环中百分表的读数换算为荷载值,或者由荷载测定装置读取的最大值即为试样的稳定度 MS,以 kN 计,精确至 0.01 kN。由流值计及位移传感器测定装置读取的试件垂直变形,即为试件的流值 FL,以 mm 计,精确至 0.1 mm。

(2)试件的马歇尔模数

试件的马歇尔模数按式(5.13)计算:

$$T = MS/FL \tag{5.13}$$

式中: T——试件的马歇尔模数,kN/mm;

　　MS——试件的稳定度,kN;

　　FL——试件的流值,mm。

试件的浸水残留稳定度按式(5.14)计算:

$$MS_0 = \frac{MS_1}{MS} \times 100\% \tag{5.14}$$

式中:MS_0——试件的浸水残留稳定度,%;

MS_1——试件浸水 48 h 后的稳定度,kN。

5.3.5　注意事项

(1)当一组测定值中某个测定值与平均值之差大于标准差的 k 倍时,该测定值应予舍弃,并以其余测定值的平均值作为试验结果。当试件数目 n 为 3,4,5,6 时,k 值分别为 1.15,1.6,1.67,1.82。

(2)采用自动马歇尔试验仪时,试验结果应附上荷载-变形曲线原件或自动打印结果,并报告马歇尔稳定度、流值、马歇尔模数,以及试件尺寸、试件的密度、空隙率、沥青用量、沥青体积百分率、沥青饱和度、矿料空隙率等各项物理指标。

5.3.6　试验记录

班级　　　组别　　　姓名　　　学号　　　　　年　　月　　日

5.4　沥青混合料马歇尔稳定度试验

试验题目		成　绩	
试验目的			
主要仪器			
矿料名称			
矿料毛体积密度 /(g·cm⁻³)			
矿料比例/%			

试验编号	试件高度/mm		试件空气中质量/g	试件水中质量/g	理论密度 /(g·cm⁻³)	实测密度 /(g·cm⁻³)	沥青体积百分率/%	空隙率/%	矿料间隙率/%	沥青饱和度/%	稳定度/kN	流值/mm	沥青用量/%	沥青密度 /(g·cm⁻³)
	单值	均值												
平均值														

试验总结：

5.3.7　思考题

（1）石油沥青的牌号依据什么划分？牌号大小与沥青的技术性质有何关系？

（2）在建筑屋面防水工程中，选用石油沥青的原则是什么？

5.4　沥青混合料车辙试验

5.4.1　试验目的与适用范围

（1）本方法适用于测定沥青混合料的高温抗车辙能力，供沥青混合料配合比设计的高温稳定性检验使用，也可用于现场沥青混合料的高温稳定性检验。

（2）车辙试验的试验温度与轮压可根据有关规定和需要选用，非经注明，试验温度为60 ℃，轮压为0.7 MPa。根据需要，在寒冷地区也可采用45 ℃，在高温条件下采用70 ℃，但应在报告中注明。计算动稳定度的时间原则上为试验开始后45～60 min。

（3）本方法适用于用轮碾成型、机碾成型的长300 mm，宽300 mm，厚50 mm的板块状试件，根据工程需要也可采用其他尺寸的试件。本方法也适用于现场切割板块状试件检验，切割的尺寸根据现场面层的实际情况由试验确定。

5.4.2　试验设备

（1）车辙试验机

主要由下列部分组成：

①试件台：可牢固地安装两种宽度（300 mm 及 150 mm）的规定尺寸试件的试模。

②试验轮：橡胶制的实心轮胎，外径200 mm，轮宽50 mm，橡胶层厚15 mm。橡胶硬度（国际标准硬度）在20 ℃时为84±4，60 ℃时为78±2。试验轮行走距离为（230±10）mm，往返碾压速度为（42±1）次/min（21 次往返/min）。允许采用曲柄连杆驱动试验台运动（试验轮不移动）或链驱动试验轮运动（试验台不动）的任一种方式。

注：应注意检验轮胎橡胶硬度，不符合要求者应及时更换。

③加载装置：使试验轮与试件的接触压强在60 ℃时为（0.7±0.05）MPa，施加的总荷重为78 kg 左右，根据需要可以调整。

④变形测量装置：自动检测车辙变形并记录曲线的装置，通常用 LVDT、电测百分表或非接触位移计。

⑤温度检测装置：自动检测并记录试件表面及恒温室内温度的温度传感器、温度计，精密度为0.5 ℃。

（2）恒温室

车辙试验机必须整机安放在恒温室内，装有加热器、气流循环装置及装有自动温度控制设备，能保持恒温室温度在（60±1）℃（试件内部温度为（60±0.5）℃），根据需要亦可为其他需要的温度。

（3）台秤

称量15 kg，感量不大于5 g。

5.4.3 试验步骤

（1）试验准备

①试验轮接地压强测定。测定在 60 ℃时进行，在试验台上放置一块 50 mm 厚的钢板，其上铺一张毫米方格纸，再上铺一张新的复写纸，以规定的 700 N 荷载后试验轮静压复写纸，即可在方格纸上得出轮压面积，并由此求得接地压强。当压强不符合（0.7±0.05）MPa 时，荷载应予适当调整。

②用轮碾成型法制作车辙试验试块。在试验室或工地制备成型的车辙试件，其标准尺寸为 300 mm×300 mm× 50 mm。也可从路面切割得到 300 mm×150 mm× 50 mm 的试件。当直接在拌和厂取拌和好的沥青混合料样品制作试件检验生产配合比设计或混合料生产质量时，必须将混合料装入保温桶中，在温度下降至成型温度之前迅速送达试验室制作试件。如果温度稍有不足，可放在烘箱中稍加热（时间不超过 30 min）后使用，也可当场手砸或用压路机碾压成型试件，但不得将混合料放冷却后二次加热重塑制作。所读重塑制件的试验结果仅供参考，不得用于评定配合比设计检验是否合格使用。

③如有需要，将试件脱模按规程规定的方法测定密度及空隙率等各项物理指标。如经水浸，应用电扇将其吹干，然后再装回原试模中。

④试件成型后，连同试模一起在常温条件下放置的时间不得少于 12 h。对聚合物改性沥青混合料，放置的时间以 48 h 为宜，使聚合物改性沥青充分固化后方可进行车辙试验，但室温放置时间也不得长于一周。

注：为使试件与试模紧密接触，应保证 4 边的方向位置不变。

（2）试验操作

①将试件连同试模一起，置于已达到试验温度（60±1）℃的恒温室中，保温不少于 5 h，也不得多于 24 h。在试件的试验轮不行走的部位上，粘贴一个热电偶温度计（也可在试件制作时预先将热电偶导线埋入试件一角），控制试件温度稳定在（60±0.5）℃。

②将试件连同试模移置于轮辙试验机的试验台上，试验轮在试件的中央部位，其行走方向须与试件碾压或行车方向一致。开动车辙变形自动记录仪，然后启动试验机，使试验轮往返行走，时间约 1 h，或最大变形达到 25 mm 时为止。试验时，记录仪自动记录变形曲线（见图 5.6）及试件温度。

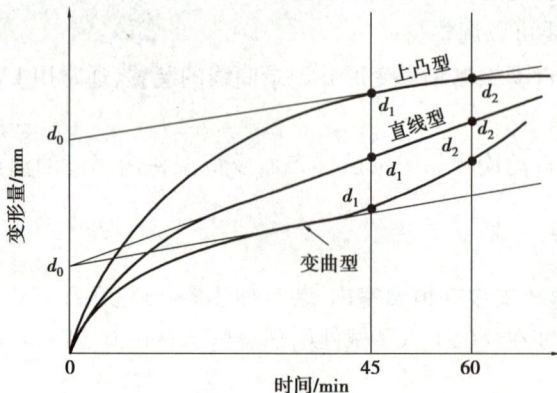

图 5.6　车辙试验自动记录的变形曲线

注：对 300 mm 宽且试验时变形较小的试件，可在其两侧 1/3 位置上进行两次试验取平均值。

5.4.4　试验数据整理

（1）从试验仪读取 45 min（t_1）及 60 min（t_2）时的车辙变形 d_1 及 d_2，精确至 0.01 mm。

当变形过大，在时间未到 60 min 而变形已达 25 mm 时，则以达到 25 mm（d_2）时的时间为 t_2，将其第 15 min 取为 t_1，此时的变形量为 d_1。

（2）沥青混合料试件的动稳定度按式（5.15）计算：

$$DS = \frac{(t_2 - t_1) \times N}{d_2 - d_1} \times C_2 \times C_1 \tag{5.15}$$

式中：DS——沥青混合料的动稳定度，次/mm；

　　　d_1——对应于时间 t_1 的变形量，mm；

　　　d_2——对应于时间 t_2 的变形量，mm；

　　　C_1——试验机类型修正系数，曲柄连杆驱动试件的变速行走方式为 1.0，链驱动试验轮的等速行走方式为 1.5；

　　　C_2——试件修正系数，试验室制备的宽 300 mm 的试件为 1.0，从路面切割的宽 150 mm 的试件为 0.8；

　　　N——试验轮往返碾压速度，通常为 42 次/min。

5.4.5　注意事项

（1）同一沥青混合料或同一路段的路面，至少平行试验 3 个试件，当 3 个试件动稳定度变异系数小于 20% 时，取其平均值作为试验结果。变异系数大于 20% 时，应分析原因，并追加试验。如计算动稳定度值大于 6 000 次/mm 时，记作：>6 000 次/mm。

（2）试验记录应注明试验温度、试验轮接地压强、试件密度、空隙率及试件制作方法等。

5.4.6　精密度或允许值

重复性试验动稳定度变异系数的允许差为 20%。

5.4.7　试验记录

班级　　　　　组别　　　　　姓名　　　　　学号　　　　　　　年　　月　　日

试验题目	5.4　沥青混合料车辙试验				成　绩	
试验目的						
主要仪器						
试验编号	对应于时间 t_1 的变形量 d_1/mm	对应于时间 t_2 的变形量 d_2/mm	仪器类型修正系数 C_1	试件修正系数 C_2	车轮往返碾压速度 /(次·min^{-1})	沥青混合料试件的动稳定度/(次·mm)
						单　值 ｜ 平均值
1						
2						
3						
试件尺寸 /mm		标准差 /(次·min^{-1})			变异系数 C_v/%	

试验总结：

5.4.8　思考题

(1)石油沥青的主要技术性质是什么？各用什么指标表示？

(2)沥青为什么会老化？如何延缓其老化？

5.5 沥青混合料中沥青含量试验（离心分离法）

沥青混合料中
沥青含量试验
(离心分离法)

5.5.1 试验目的与适用范围

（1）本方法采用离心分离法测定黏稠石油沥青拌制的沥青混合料中沥青含量（或油石比）。

（2）本方法适用于热拌热铺沥青混合料路面施工时的沥青用量检测，以评定拌和厂产品质量。此法也适用于旧路调查时检测沥青混合料的沥青用量，用此法抽提的沥青溶液用于回收沥青，以评定沥青的老化性质。

5.5.2 试验设备

（1）离心抽提仪：由试样容器及转速不小于300 r/min 的离心分离器组成，分离器备有滤液出口。容器盖与容器之间用耐油的圆环形滤纸密封，滤液通过滤纸排出后从出口流出收入回收瓶中，仪器必须安放稳固并有排风装置。

（2）圆环形滤纸。

（3）回收瓶：容量在1 700 mL 以上。

（4）压力过滤装置。

（5）天平：感量不大于0.01 g、1 mg 的天平各一台。

（6）量筒：最小分度1 mL。

（7）烘箱：装有温度自动调节器。

（8）三氯乙烯。

（9）碳酸铵饱和溶液：供燃烧法测定滤纸中的矿粉含量用。

（10）其他：小铲、金属盘、大烧杯等。

5.5.3 试验准备

（1）按沥青混合料取样方法，在拌和厂采取沥青混合料试样，放在金属盘中适当拌和，待温度稍下降至100 ℃以下时，用大烧杯取混合料试样质量1 000 ~ 1 500 g（粗粒式沥青混合料用高限，细粒式用低限，中粒式用中限），精确至0.1g。

（2）如果试样是路上用钻机法或切割法取得的，应用电风扇吹风使其完全干燥，置于微波炉或烘箱中成松散状态取样，但不得用锤击以防集料破碎。

5.5.4 试验步骤

（1）向装有试样的烧杯中注入三氯乙烯溶剂，将其浸没，浸泡30 min，用玻璃棒适当搅动混合料，使沥青充分溶解。

（2）将混合料及溶液倒入离心分离器，用少量溶剂将烧杯及玻璃棒上的黏附物全部洗入分离容器中。

（3）称取洁净的圆环形滤纸质量，精确至 0.01 g。注意：滤纸不宜多次反复使用，有破损者不能使用，有石粉黏附时，应用毛刷清除干净。

（4）将滤纸垫在分离器边缘上，加盖紧固，在分离器出口处放上回收瓶，上口应注意密封，防止流出液成雾状散失。

（5）开动离心机，转速逐渐增至 3 000 r/min，沥青溶液通过排出口注入回收瓶中，待流出停止后停机。

（6）从上盖的孔中加入新溶剂，体积大体相同，稍停 3～5 min 后，重复上述操作，如此数次直到流出的抽提液成清澈的淡黄色为止。

（7）卸下上盖，取下圆环形滤纸，在通风橱或室内空气中蒸发干燥，然后放入（105±5）℃的烘箱中干燥，称取质量，其增量部分 m_2 为矿粉的一部分。

（8）将容器中的集料仔细取出，在通风橱或室内空气中蒸发后放入（105±5）℃烘箱中烘干（一般需 4 h），然后放入大干燥器中冷却至室温，称取集料质量 m_1。

（9）用压力过滤器过滤回收瓶中的沥青溶液，由滤纸的增量 m_3 得出泄漏入滤液中的矿粉质量，如无压力过滤器时，也可用燃烧法测定。

用燃烧法测定抽提液中矿粉质量的步骤如下：

①将回收瓶中的抽提液倒入量筒中测量其总量 V_a，精确至 1 mL。

②充分搅匀抽提液，取出 10 mL（V_b）放入坩埚中，在热浴上适当加热使溶液试样呈暗黑色后，置高温炉（500～600 ℃）中烧成残渣，取出坩埚冷却。

③向坩埚中按每 1 g 残渣 5 mL 的用量比例，注入碳酸铵饱和溶液，静置 1 h，放入（105±5）℃的干燥箱中干燥。

④取出放在干燥器中冷却，称取残渣质量 m_4，精确至 1 mg。

5.5.5　试验数据整理

（1）沥青混合料中矿料的总质量按式（5.16）计算：

$$m_a = m_1 + m_2 + m_3 \tag{5.16}$$

式中：m_a——沥青混合料中矿料部分的总质量，g；

m_1——容器中留下的集料干燥质量，g；

m_2——圆环形滤纸在试验前后的增量，g；

m_3——泄漏入抽提液中的矿粉质量，g。

用燃烧法时可按式（5.17）计算：

$$m_3 = m_4 \times \frac{V_a}{V_b} \tag{5.17}$$

式中：V_a——抽提液的总体积，mL；

V_b——取出的燃烧干燥的抽提液体积，mL；

m_4——坩埚中燃烧干燥的残渣质量，g。

（2）沥青混合料中的沥青含量按式（5.18）计算：

$$P_b = \frac{m - m_a}{m} \tag{5.18}$$

油石比按式（5.19）计算：

$$P_a = \frac{m - m_a}{m_a} \tag{5.19}$$

式中：m——沥青混合料的总质量，g；

P_b——沥青混合料的沥青含量，%；

P_a——沥青混合料的油石比，%。

5.5.6　注意事项

同一沥青混合料试样至少平行试验 2 次，取平均值作为试验结果。2 次试验结果的值应小于 0.3%，当试验结果大于 0.3% 但小于 0.5% 时，应补充平行试验一次，以 3 次试验的平均值作为试验结果，3 次试验的最大值与最小值之差不得大于 0.5%。

5.5.7　试验记录

班级　　　　组别　　　姓名　　　　　学号　　　　　　　　　　　　年　　　月　　　日

试验题目	5.5　沥青混合料中沥青含量试验（离心分离法）						成　绩	
试验目的								
主要仪器								
抽提次数	混合料试件质量 m_1/g	滤网滤纸质量 m_2/g	混合料及滤网纸质量 m_3/g	抽提后矿料滤网纸质量 m/g	干矿料质量 m_a/g	沥青质量 m/g	沥青含量 P_b/%	
1								
2								
平均沥青含量/%								

试验总结：

第6章

钢材试验

6.1 钢筋的冷弯试验

6.1.1 试验目的与适用范围

本方法用以检验金属承受规定弯曲程度的弯曲变形性能,并显示其缺陷。但不适用于金属管材和金属焊接接头的弯曲试验。

6.1.2 试验仪器

应在配备下列弯曲装置之一的试验机或压力机上完成试验。

(1)配有两个支辊和一个弯头的支辊式弯曲装置(见图6.1)。

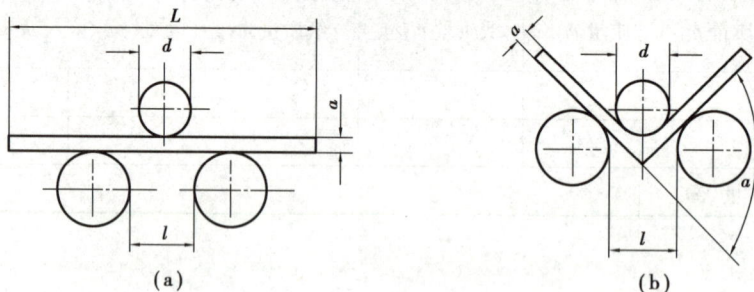

图6.1 支辊式弯曲装置

(2)配有一个V形模具和一个弯曲压头的V形模具式弯曲装置(见图6.2)。

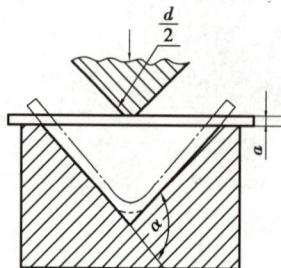

图6.2 V形模具式弯曲装置

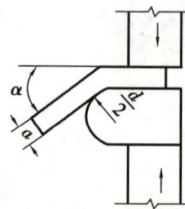

图6.3 虎钳式弯曲装置

(3)虎钳式弯曲装置(见图6.3)。

6.1.3 试件制备

(1)试样的横截面为圆形、方形、长方形或多边形。样坯的切取位置和方向应符合相关产品标准的要求。试样应通过机加工去除由于剪切或火焰切割等影响了材料性能的部分。试样表面不得有划痕和损伤。方形、长方形和多边形横截面试样的棱边应倒圆,倒圆半径不超过以下数值:

①当试样厚度小于 10 mm 时,倒圆半径取 1 mm。

②当试样厚度大于或等于 10 mm 且小于 50 mm 时,倒圆半径取 1.5 mm。

③当试样厚度不小于 50 mm 时,倒圆半径取 3 mm。

棱边倒圆时不应形成影响试验结果的横向毛刺、伤痕或刻痕。如果试验结果不受影响,允许试样的棱边不倒圆。

(2)试样的宽度应符合相关产品标准的要求,如未具体规定,应按以下要求执行:

①当产品宽度不大于 20 mm 时,试样宽度为原产品的宽度。

②当产品宽度大于 20 mm,且厚度小于 3 mm 时,试样宽度为(20±5)mm;厚度不小于 3 mm 时,试样宽度为 20～50 mm。

(3)试样的厚度或直径应符合相关产品标准的要求。如未具体规定,应按以下要求执行:

①对于板材、带材和型材,产品厚度不大于 25 mm 时,试样厚度为原产品的厚度;产品厚度大于 25 mm 时,试样厚度可以机加工减薄至不小于 25 mm,应保留一侧原表面。

弯曲试验时试样保留的原表面应位于受拉变形一侧。

②直径或内切圆直径不大于 30 mm 的产品,试样横截面为原产品的横截面。对于直径或多边形横截面内切圆直径大于 30 mm 而小于 50 mm 的产品,可以将其机加工成横截面内切圆直径不小于 25 mm 的试样。对于直径或多边形横截面内切圆直径大于 50 mm 的产品,可以将其机加工成横截面内切圆直径不小于 25 mm 的试样。试验时,试样未经机加工的原表面应位于受拉变形一侧。

(4)试样的长度应根据试样厚度和所使用的试验设备确定。以上详细内容,可参考《钢筋混凝土用钢材试验方法》(GB/T 28900—2012)。

6.1.4 试验方法

(1)试验一般在 10～35 ℃ 的室温范围内进行,对温度要求严格的试验,试验温度应为(23±5)℃。

(2)按照相关产品规定,采用下列方法之一完成试验:

①试样在给定条件和力作用下弯曲至规定的弯曲角度(见图6.4);

②试样在力作用下弯曲至两臂相距规定距离且相互平行(见图6.5);

③试样在力作用下弯曲至两臂直接接触(见图6.6)。

(3)试样弯曲至规定弯曲角度的试验,应将试样放在两支辊或 V 形模具上,试样轴线应与弯曲压头轴线垂直,弯曲压头在两支座之间的中点处对试样连续施加力使其弯曲,直至达到规定的弯曲角度。

（4）可以采用图6.3所示的方法进行弯曲，试样一端固定，绕弯曲压头进行弯曲到规定的弯曲角度。弯曲试验时，应缓慢施加弯曲力，以使材料能够自由进行塑性变形。

（5）试样弯曲至两臂互相平行的试验，首先应对试样进行初步弯曲，然后将试样置于两平行压板之间，连续施加力压其两端使进一步弯曲，直至两臂平行（见图6.5）。试验时垫块可加可不加。

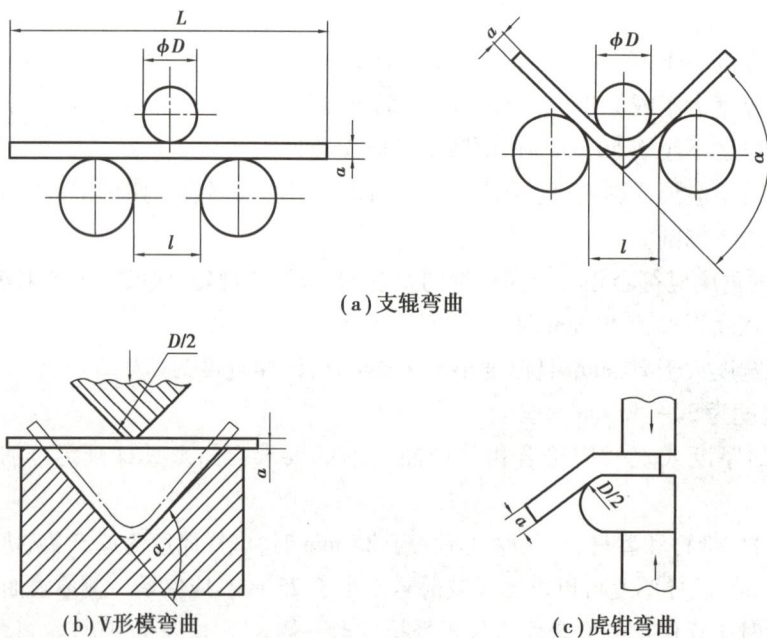

（a）支辊弯曲

（b）V形模弯曲

（c）虎钳弯曲

图6.4　试样的弯曲

（6）试样弯曲至两臂直接接触的试验，首先应对试样进行初步弯曲，然后将试样置于两平行压板之间，连续施加力压其两端使进一步弯曲，直至两臂接触（见图6.6）。

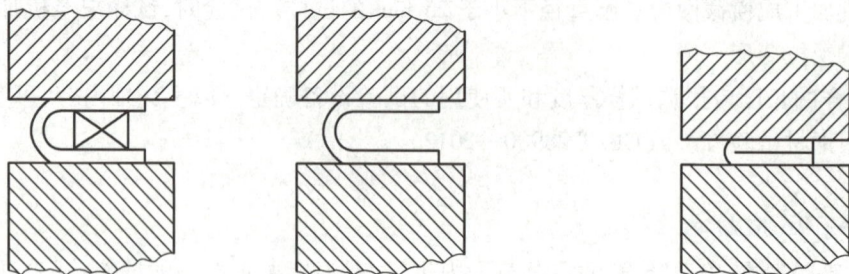

图6.5　弯至两臂平行

图6.6　弯曲至两臂接触复合

6.1.5　试验结果评定

（1）按《钢筋混凝土用钢材试验方法》（GB/T 28900—2012）的要求评定弯曲试验结果。弯曲试验后试样弯曲外表无肉眼可见裂纹，应评定为合格。

（2）相关标准规定的弯曲角度作为最小值，规定的弯曲半径为最大值。

6.1.6　试验记录

班级　　　组别　　　姓名　　学号　　　　　　　　　　　　　　年　　　月　　　日

试验题目	6.1　钢筋的冷弯试验				成　绩	
试验目的						
主要仪器						
试验编号	试样尺寸/mm		弯曲直径 d/mm	弯曲角度 α/rad	结果评定	
	直　径	长　度				

试验总结：

6.1.7　思考题

（1）沸腾钢与镇静钢在性能上有何差别？

（2）钢筋的冷弯试验主要检验其什么性能？

6.2 钢筋的拉伸试验

6.2.1 试验目的

抗拉强度是钢筋的基本力学性能。为了测定钢筋的抗拉强度,将标准试样放在材料试验机上,逐渐增加一个拉力荷载,观察由于这个荷载的作用所产生的弹性和塑性变形,直至试样拉断为止,即可求得钢筋的屈服点、抗拉强度、伸长率等指标。拉伸试验是评定钢筋质量是否合格的一个试验项目。

6.2.2 试验仪器

(1)万能材料试验机

试验机的测力系统应按照《静力单轴试验机的检验第 1 部分:和(或)压力试验机测力系》(GB/T 16825.1—2008)的要求进行校准,并且其精确度应为 1 级或优于 1 级。

(2)引伸计

引伸计的精确度级别应符合《单轴试验用引伸计的标定》(GB/T 12160—2002)的要求。

6.2.3 试验方法

(1)试样准备

试样的形状与尺寸取决于要被试验的金属产品的形状与尺寸。

通常用产品压制坯或铸件切取样坯,经机加工制成试样,但具有恒定横截面的产品(型材、棒材、线材等)和铸造试样(铸铁和铸造非铁合金)可以不经机加工而进行试验。

如图 6.7 所示,试样横截面可以为圆形、矩形、多边形、环形,特殊情况下可以为某些其他形状。

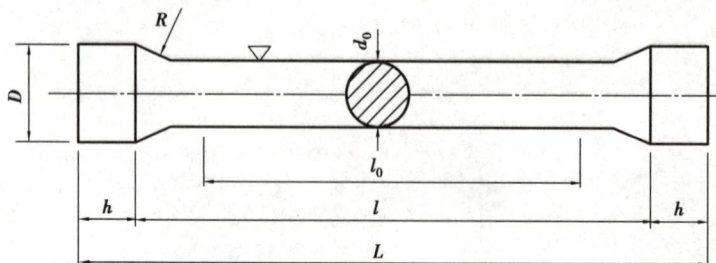

图 6.7　拉伸试验标准试样

试样原始标距与横截面积有 $L_0=kS$ 关系者称为比例试样,国际上使用的比例系数 k 的值为 5.65。原始标距应不小于 15 mm,当试样横截面积太小,以致采用比例系数 k 为 5.65

的值不能符合这一最小标距要求时,可以采用较高的 k 值(优先采用 11.3)或采用非比例试样。非比例试样其原始标距 L_0 与原始横截面积 S_0 无关。

(2)原始横截面积的测定

宜在试样平行长度中心区域以足够的点数测量试样的相关尺寸。

原始横截面积 S_0 是平均横截面积,应根据测量的尺寸计算。原始横截面的计算精确度依赖于试样本身特性和类型。

(3)原始标距的标记

应用小标记细划线或细墨线标记原始标距,但不得用会引起过早断裂的缺口作为标记。

对于比例试样,如果原始标距的计算值与其标记值之差小于 L_0 的 10%,可将原始标距的计算值修约至最接近 5 mm 的倍数。原始标距的标记应精确到±1%,如平行长度 L_c 比原始标距长许多,例如不经机加工的试样,可以标记一系列套叠的原始标距,有时也可以在试样表面划一条平行于试样纵轴的线,并在此线上标记原始标距。

(4)屈服强度的测定

①上屈服强度的测定

上屈服强度的上屈服强度 R_{eH} 可以从力-延伸率曲线图或峰值力显示器测得,定义为力首次下降前的最大值对应的应力(见图 6.8)。

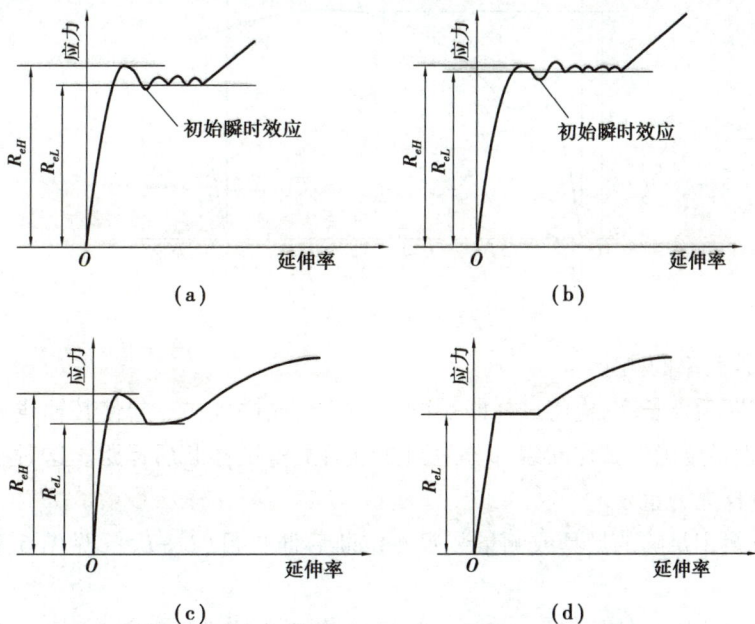

图 6.8　不同类型曲线的上屈服强度和下屈服强度

②下屈服强度的测定

下屈服强度 R_{eL} 可以从力-延伸率曲线上测得,定义为不计初始瞬时效应时屈服阶段中的最小力所对应的应力(如图 6.8 所示)。

对于上、下屈服强度位置判定的基本原则如下:

a.屈服前的第 1 个峰值应力(第 1 个极大值应力)判为上屈服强度,不管其后的峰值应力比它大或比它小;

b.屈服阶段如呈现2个或2个以上的谷值应力,舍去第1个谷值应力(第1个极小值应力)不计,取其余谷值应力中之最小者判为下屈服强度。如只呈现1个下降谷,此谷值应力判为下屈服强度;

c.屈服阶段中呈现屈服平台,平台应力判为下屈服强度;如呈现多个而且后者高于前者的屈服平台,判第1个平台应力为下屈服强度;

d.正确的判定结果应是下屈服强度一定低于上屈服强度。

为提高试验效率,可以取在上屈服强度之后延伸率为0.25%范围以内的最低应力为下屈服强度。

(5)抗拉强度 R_m 的测定

①抗拉强度是相应于最大力 F_m 的应力。按照定义或采用图解法或指针方法测定。

②对于呈现明显屈服(不连续屈服)现象的金属材料,从记录的力-延伸量或力-位移曲线图,或从测力度盘读取过了屈服阶段之后的最大力(见图6.9);对于无明显屈服(连续屈服)现象的金属材料,从记录的力-延伸量或力-位移曲线图,或从测力度盘读取试验过程中的最大力。最大力 F_m 除以试样的原始横截面面积 S_0 得到抗拉强度。

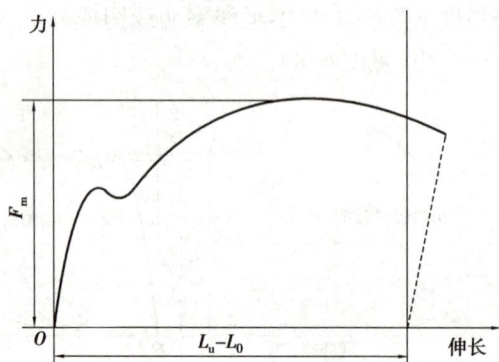

图6.9　最大力的读取

(6)断后伸长率的测定

为了测定断后伸长率,应将试样断裂的部分仔细地拼接在一起使其轴线处于同一直线上,并采取特别措施确保试样断裂部分适当接触后测量试样断后标距。这对小横截面试样和低伸长率试样尤为重要。

应使用分辨率足够的量具或测量装置测定断后伸长量(L_u-L_0)(见图6.9),并精确到 ±0.25 mm。

如规定的最小断后伸长率小于5%,建议采取特殊方法进行测定。原则上只有断裂处与最接近的标距标记的距离不小于原始标距的1/3情况方为有效。但断后伸长率大于或等于规定值,不管断裂位置处于何处测量均为有效。如断裂处与最接近的标距标记的距离小于原始标距的1/3时,可采用移位法测定断后伸长率。

能用引伸计测定断裂延伸的试验机,引伸计标距应等于试样原始标距,无需标出试样原始标距的标记。以断裂时的总延伸作为伸长测量时,为了得到断后伸长率,应从总延伸中扣除弹性延伸部分。原则上,断裂发生在引伸计标距 L_e 以内方为有效,但断后伸长率等于或大于规定值时,不管断裂位置处于何处测量均为有效。

如产品标准规定用一固定标距测定断后伸长率,引伸计标距应等于这一标距。

(7)断面收缩率的测定

将试样断裂部分仔细地拼接在一起,使其轴线处于同一直线上。断裂后最小横截面积的测定应精确到±2%。原始横截面积与断后最小横截面积之差除以原始横截面积的百分率为断面收缩率。

6.2.4　试验数据整理

(1)屈服点的屈服强度按式(6.1)计算:

$$f_y = \frac{F_s}{S_0}$$ (6.1)

式中:F_s——相当于所求应力的负荷,N;

S_0——试样的原始横截面积,mm^2;

f_y——屈服强度,计算精确度应达 5 MPa。

(2)硬钢和线材的屈服点按式(6.2)计算:

$$f_{y(0.2)} = \frac{F_{0.2}}{S_0}$$ (6.2)

式中:$F_{0.2}$——相当于所求应力的负荷,N;

S_0——试样的原始横截面积,mm^2;

$f_{y(0.2)}$——硬钢和线材的屈服点,计算精度与f_y相同。

(3)抗拉强度按式(6.3)计算:

$$f_u = \frac{F_m}{S_0}$$ (6.3)

式中:F_m——试样拉断前的最大负荷,N;

S_0——试样的原始横截面积,mm^2;

f_u——试样的抗拉强度,计算精度与f_y相同。

(4)伸长率按式(6.4)计算:

$$\delta_n = \frac{L_1 - L_0}{L_0} \times 100\%$$ (6.4)

式中:L_1——试样拉断后标距部分的长度,mm;

L_0——试样的原始标距的长度,mm;

n——长试样及短试样的标志,长试样 $n=10$,短试样 $n=5$;

δ_n——试样的伸长率,计算精度应达 0.5%。

6.2.5　试验结果评定

试验出现下列情况之一时,其试验结果无效,应重做同样数量试样的试验。

(1)试样断在标距以外或断在机械刻划的标距上,而且断后伸长率小于规定的最小值;

(2)试验期间设备发生了故障,影响了试验结果。

6.2.6 试验记录

班级　　　组别　　　姓名　　学号　　　　　　　　　　　　　年　　月　　日

试验题目		6.2　钢筋的拉伸试验							成　绩	
试验目的										
主要仪器										
试样名称	试验编号	试件尺寸			拉伸荷载/kN		强度/MPa		断后标距/mm	伸长率/%
		直径/mm	横截面积/mm²	标距/mm	屈服荷载	极限荷载	屈服点	拉伸强度		

试验总结：

6.2.7 思考题

(1)低碳钢拉伸的 4 个阶段分别是什么？

(2)什么叫材料的屈服阶段？

(3)钢材的屈强比的大小对其使用性能有何影响？

(4)钢材经冷加工强化及时效处理后,其力学性能有何变化？工程中对钢筋进行冷加工及时效处理的主要目的是什么？

(5)含碳量对建筑钢材的性质有何影响？

参考文献

[1]杨帆.建筑材料[M].北京:北京理工大学出版社,2017.

[2]艾学明.建筑材料与构造[M].2版.南京:东南大学出版社,2018.

[3]西安建筑科技大学,华南理工大学,重庆大学,等.建筑材料[M].北京:中国建筑工业出版社,2013.

[4]余丽武.建筑材料[M].南京:东南大学出版社,2013.

[5]范红岩,范文昭.建筑材料[M].武汉:武汉理工大学出版社,2010.

[6]王昌辉.建筑材料[M].北京:机械工业出版社,2010.

[7]申淑荣,冯鹏.建筑材料[M].北京:冶金工业出版社,2010.

[8]董晓英.建筑材料[M].北京:地质大学出版社,2013.

[9]董亚军.建筑材料与检测[M].北京:中国水利水电出版社,2010.

[10]西安建筑科技大学.建筑材料[M].北京:中国建筑工业出版社,2011.

[11]龚爱民.建筑材料[M].郑州:黄河水利出版社,2013.

[12]闫瑞兰,要强强.建筑工程材料检测实训[M].南京:江苏大学出版社,2014.